| 生態館 030 |

◎徐景彥 撰文・攝影

臺灣藍鵲

中華民國準國鳥首次生態全記錄

晨星出版

作者序

專科時學的是「化工」，就在那個時期喜歡上賞鳥，每逢假日便隨著臺北鳥會的前輩們在臺北近郊趴趴走，即使是學校考試前夕，也要出去走走才舒暢。專科畢業、服完兵役之後，認命的在人造纖維廠工作了兩年半，工作期間經常參與新竹鳥會的解說與調查活動。之後，經過審慎考慮後決定離職，接著插班考進中國文化大學就讀，而這次讀的是「生物」。當時總笑說，從此可以「棄暗投明」、「重新做人」了。其實，會做如此大的轉變，只是希望能夠單純且一直專心做自己喜歡做的事情。

大學時期曾至陽明山國家公園管理處協助觀察猛禽的繁殖行為，調查校區周遭的鳥類相，並參與系上所執行的環境影響評估案，以及臺北鳥會的鳥類繫放研究，因而奠定自己在鳥類相關領域的基礎知識與技能。但過程中成長的最大關鍵，則是在於大學畢業前，至中研院動物所鳥類研究室見習，期間除受劉小如老師及研究室成員的指導而獲益良多外，也因拜讀劉老師的研究論文後，開始對臺灣藍鵲的繁殖行為產生莫大興趣，並於日後就讀臺大動物研究所時，將此主題作為筆者的研究內容。在修了兩年碩士班課程後，發現在這麼短時間內，野外資料的收集非常有限。承臺大生態演化所李培芬老師支持，才得以有此機會直升博士班繼續從事藍鵲相關研究。雖然最後因各種因素，沒能拿到博士學位，倒也不覺得遺憾。一路走下來，過程中雖困難重重，卻也已經持續關注、收集臺灣藍鵲相關訊息12年了（1996～2008年）。

感謝研究和撰稿期間，中研院生物多樣性研究中心鳥類研究室劉小如老師研究團隊、臺大生態演化所空間生態研究室李培芬老師研究團隊、陽明山國家公園管理處承辦人員、臺北市野鳥學會前繫放組夥伴、中國文化大學生科系陳亮憲老師、陳嘉芬老師以及學弟妹在各方面的協

助與鼓勵，僅一併在此深表謝意。另外，也要感謝東勢林管處提供移除計畫之相關出版品、特有生物研究保育中心野生動物急救站及臺北鳥會救傷組提供歷年藍鵲救傷資料、中華鳥會提供藍鵲分布紀錄作為內文參考與分析的材料，以及「民享環境生態調查公司」協助出版事務、「晨星」出版公司提供出版拙作，以向民眾介紹臺灣藍鵲的寶貴機會。最後更要感謝友人的鼓勵，及家人的支持與包容，筆者才能全心投入研究與撰寫工作。

筆者藉由此書內文及照片，介紹臺灣藍鵲及其相關訊息，乃期許大家能從喜歡臺灣藍鵲、了解臺灣藍鵲開始，觀察臺灣藍鵲棲息環境以及與牠們相依存的那些生物，進而擴大去關心其他更多的物種及其在生態環境中所扮演角色及其重要性，當然也要關心牠們的生存環境；相對的，在各位繁忙的工作步調下，更需要去認識以及知道如何保護自己周遭的生活環境，以確保自身身家財產安全及良好生活品質。

撰稿期間，歷經適應新工作所附帶的專業知識與人事管理上的雙重壓力，內人住院、搬家，以及兒子的出世等各種狀況，在凡事親力親為情況下，時間的困窘可想而知，導致完稿日期一直延誤。另外，筆者自身的知識與能力有限，以及倉促的完稿，難免有誤或敘述不清楚之處，還請各位先進不吝指正。所有與臺灣藍鵲相關的訊息與問題，均歡迎各位傳到筆者的信箱（blue.magpie@msa.hinet.net）共同討論，並感謝各位的支持與鼓勵。

2008年10月5日於臺北石牌

目錄

Contents

Formosan Blue Magpie

01

01 | 認識長尾山娘

初次邂逅

第一次看到臺灣藍鵲是在臺北縣烏來，就如同一般賞鳥人一樣，讚嘆著牠們色彩鮮明、姿態飄逸的美。在當時，能夠透過望遠鏡看個清楚也就心滿意足，與觀察到其他鳥種時的愉悅是一樣的，並沒有特別感覺。後來就讀中國文化大學生物系時，有機會協助陽明山國家公園管理處保育課觀察松雀鷹的繁殖行為，也發現陽明山國家公園內其實很多地點均有臺灣藍鵲群棲息，不過也僅如此而已，當時對於臺灣藍鵲並無付諸太多注意力。

↑臺灣藍鵲是採用「巢邊幫手制」的形式繁殖，也就是親鳥在繁殖的時候，會有其他家族成員（幫手）來幫忙照顧牠們的雛鳥。

直到在中研院動物所鳥類研究室學習期間，才發現劉小如老師曾於民國72、73年研究過臺灣藍鵲，並在拜讀過劉老師的研究論文後得知，臺灣藍鵲可能是採用「合作生殖」（Cooperative breeding）中一種稱為「巢邊幫手制」（Helpers at the nest）的形式繁殖，即親鳥繁殖時，有幫手幫忙照顧牠們的雛鳥（Skutch 1987），且臺灣藍鵲是臺灣當時唯一知道可能採用這種制度繁殖的鳥種（Severinghaus 1986，1987）。那時對於這些學術的專有名詞內涵尚不熟悉，不過，倒引起我對臺灣藍鵲繁殖行為的興趣。由於劉老師研究期間，臺灣盜獵野生動物的情形非常嚴重，因此劉老師所研究的雛鳥多被偷走，導致她無法觀察子代是否就是幫手，也無法觀察幫手在繁殖過程中所做的貢獻。

↓ 筆者選擇於陽明山國家公園內進行臺灣藍鵲合作生殖之相關研究。圖片上方的七星山與小油坑是園區內的重要地標，右下方為竹子湖。

↑ 陽明山國家公園是臺灣北部最容易發現臺灣藍鵲的地方，臺灣藍鵲族群在此園區內呈穩定成長。

後來，筆者就讀臺灣大學動物研究所時，審慎考量經費問題及興趣後，決定在陽明山國家公園內進行臺灣藍鵲合作生殖的相關研究，並將論文題目訂為「臺灣藍鵲繁殖生物學之研究」。這個研究是希望藉由觀察臺灣藍鵲的繁殖行為，了解臺灣藍鵲的繁

殖生物學，如窩卵數、孵化期、育雛期、繁殖成功率與繁殖失敗原因等；其次是探討其合作生殖行為，如幫手的性別、年齡、繁殖者的親緣關係，以及幫手在繁殖過程中的貢獻等。因為要了解群內每個個體的繁殖貢獻，因此需要在成鳥及雛鳥的腳上繫上不同顏色組合的色環，才能辨識個體的身分，然後持續觀察個體的行為與存活情形。另外，也將研究內容涵蓋其巢位特徵，以期對臺灣藍鵲群族的需求有更深入了解，未來或許可將此重要訊息提供給相關保育單位應用。

　　雖然民眾的保育觀念已經普遍提升，但臺灣盜獵野生動物的行為仍時有所聞，即使是國家公園內，也無法完全避免類似事件發生，所以藉由此書的出刊，希望讓更多人能夠認識臺灣藍鵲及有更深入了解，以引發大家的興趣，期望透過更大的力量來愛護及保護牠們，並且關心整個生態環境。這樣，也算是我在長期研究過程中，固定對牠們騷擾的一點小小回饋。

↑ 每隻臺灣藍鵲腳上的色環顏色組合不同，以代表每個個體的身分。這些腳環很輕，以避免影響牠們的行為與存活。

分類

命名

　　臺灣藍鵲學名為*Urocissa caerulea*，其中Uro是尾的意思；cissa是古希臘文，意指檀鳥或喜鵲；而caerulea是拉丁文，為暗藍色之意。臺灣藍鵲的英文名為Formosan Blue Magpie。按其形態或習性，臺灣的別名稱為「長尾山娘」或「長尾陣」；而客家人稱牠們為「長尾惜」。

成員

　　臺灣藍鵲和大家熟知的烏鴉、喜鵲同屬於鴉科鳥類。臺灣藍鵲為臺灣17種特有種鳥類之一，由於是臺灣特

界	動物界 Animalia
門	脊索動物門 Chordata
綱	鳥綱 Aves
目	雀形目 Passeriformes
科	鴉科 Corvidae
屬	藍鵲屬 *Urocissa*
種	臺灣藍鵲 *U. caerulea*

有，目前族群狀態為局部普遍，唯被獵捕的情形一直存在，所以仍需被加強保護。近期（97年7月）行政院農業委員會林務局所公告的「修正保育類野生動物名錄」中，臺灣藍鵲由原先所列的第二級（珍貴稀有野生動物）保育類動物，修正為第三級（其他應予保育之野生動物）保育類動物，主要原因應是近二十年，臺灣在保育野生動物方面的努力已有所成效，使臺灣藍鵲族群呈穩定、和緩增加。整體而言，族群量已脫離過去因獵捕風氣盛行，造成臺灣藍鵲數量稀有的危險狀態。

↑臺灣藍鵲擁有飄逸、鮮明的長尾，常可見其家族成員棲立枝頭或路燈上，依序於山林間成隊滑翔，因此又稱為「長尾陣」。

　　除了臺灣藍鵲外，還有同處亞洲的四種藍鵲屬成員（Madge and Burn 1994），包括：

（1）紅嘴藍鵲（*Urocissa erythrorhyncha*）：分布於中國大陸的華中、華北和華南，以及中南半島和印度北部。

（2）黃嘴藍鵲（*U. flavirostris*）：分布於喜馬拉雅山脈、印度東北部、中國大陸、緬甸及越南北部。

（3）白翅藍鵲（*U. whiteheadi*）：分布於中國大陸的廣西、海南、四川與雲南。

（4）斯里蘭卡藍鵲（*U. ornata*）：僅分布於斯里蘭卡。

黃嘴藍鵲 *U. flavirostris*
中國大陸西南、巴基斯坦、尼泊爾、越南

紅嘴藍鵲
Urocissa erythrorhyncha
中國大陸東部及南部、東南亞各國

斯里蘭卡藍鵲 *U. ornata*
斯里蘭卡

白翅藍鵲 *U. whiteheadi*
中國大陸南部、越南

五種藍鵲屬成員的分布區域不盡相同，但其共同特徵就是均擁有長而鮮明的尾羽，且尾羽末端均有白斑。（柳惠芬／繪製）

臺灣藍鵲 *U. caerulea*

▋發現史

　　林文宏先生在其1997年的
著作「臺灣鳥類發現史」中對臺
灣藍鵲的發現過程有詳細描述。
內文概述如下：「在1862年3月
的淡水，英國駐臺副領事斯文豪
（Robert Swinhoe）僱用的獵人自
內地帶回二根漂亮的尾羽，而鳥
的身軀因天熱易腐，不好攜帶，
所以已被獵人吃掉，他們稱這種
鳥叫「Tung-bay Swanniun」（為
長尾山娘的閩南語）。」斯文豪
根據這兩根藍色的長尾羽及其白
色末端，推測此鳥種為藍鵲屬
（Urocissa）的新種，之後又獲得
更多的完整標本，因而確定是臺
灣的新種。

　　1862年斯文豪因病回倫敦
時，將包括臺灣藍鵲等在臺灣
採集到的一批鳥類標本送給英
國鳥類畫家、出版商古德（John
Gould）。古德就根據這些標本
命名發表了16種臺灣的新種，
有時臺灣藍鵲的學名*Urocissa
caerulea*，會被寫成包含命名者的
形式*Urocissa caerulea* (Gould)。

臺灣藍鵲的尾羽特徵明顯，斯文豪只根據獵人給他的兩根藍色長尾羽及其具白色末端的特徵，即推
論此鳥種為藍鵲屬的新種。

▌演化發展

王金源先生在其2003年發表於歷史月刊的論文「臺灣、鳥類及住民由來」中對臺灣鳥類的起源、遷移年代與路徑做了詳細介紹。內文摘要如下：「學者推論臺灣的生物起源可能是在六百萬年前，而外來生物約是在兩百萬年前遷入，很可能是冰河期間從陸橋移入臺灣。由於地緣關係，臺灣鳥類源自於喜馬拉雅山系，這區的鳥類在漫長的地質年代裡，分三種形式擴散到臺灣：

冰河發生迫使南遷

喜馬拉雅山系鳥種往東北方地區拓展，後因冰河發生，迫使牠們南遷，有些就留在華南，有些則擴散至日本或臺灣。臺灣高山天候與北方相似，牠們若能存活下來，即成臺灣高海拔鳥種，其中有些演化成特有種，如火冠戴菊鳥。

華南氣候急劇變化

華南地區發生急劇的氣候變化，導致許多動、植物滅絕，而誘發東喜馬拉雅山系的鳥類拓展至華南，或持續東遷至臺灣。後來氣候回暖，臺灣氣候型態轉為亞熱帶型，遂迫使這些東遷鳥種從低海拔遷到中海拔，其中有些演化成特有種，如冠羽畫眉、臺灣噪眉、黃胸藪眉、臺灣山鷦鶲與黑長尾雉（帝雉）。

遷入鳥種對氣候適應

臺灣低地平原留下來的資源，就由熱帶種源的中南半島鳥類接收，此次為臺灣鳥類最大宗的遷入。牠們初到臺灣，大多生活於低原地帶，部分鳥種適應後進入中海拔地區，其中有些演化成特有種，如藍腹鷴與臺灣藍鵲。

所以，經由學者專家推論結果我們可以得知，臺灣藍鵲應是兩百萬年前由喜馬拉雅山系向南拓展，經中南半島、海南島而拓展至臺灣，然後經由與原族群的長期隔離，而演化成臺灣特有種──臺灣藍鵲。

藍腹鷴

冠羽畫眉

🔺 臺灣的鳥類源自於喜馬拉雅山系,兩百萬年期間,分三種形式擴散到臺灣,經由與原族群的長期隔
離,而演化成臺灣特有種,如藍腹鷴與冠羽畫眉。(張珮文／攝影)

▋研究史

↑ 80年代之前，臺灣藍鵲的雛鳥遭遇相當大的盜獵壓力，很多雛鳥來不及長大離巢即被獵人抓走，造成臺灣藍鵲族群量迅速衰減，甚至造成部分地區族群滅絕。

在臺灣，臺灣藍鵲醒目易見，在部分地區的分布也算普遍，但即使臺灣藍鵲現已成為準國鳥候選鳥種，然而民眾對臺灣藍鵲的了解仍十分有限。相關研究僅有在民國72年及73年間，由中研院動物所劉小如老師進行過的繁殖行為研究（Severinghaus 1986，1987，劉 1986），並對臺灣藍鵲成群活動的狀況、巢位選擇、生殖習性、雛鳥生長的情形，以及其食性等主題提出初步觀察報告。

劉老師研究觀察後發現，臺灣藍鵲是當時臺灣所有鳥種中，唯一繁殖期間會有其他個體協助親鳥繁殖的鳥種，進而推論牠們是採用「合作生殖」中一種稱為「巢邊幫手制」的形式繁殖。臺灣藍鵲群群內所有成員均參與生殖，70%的群體有幫手。窩卵數為6，卵孵化率高達83.4%，但因人類捕捉與干擾，幼雛存活率極低（Severinghaus 1987）。

另外兩篇論文提到，雛鳥需30天才能離巢，且此時體型已經是成鳥的三分之二，倘若繁殖失敗，成鳥最多可嘗試三次繁殖。並在內文討論對巢位的執著性（site tenacity）、不對等的發育（unequal growth）、掠食者的影響以及性成熟（sexual maturity）（Severinghaus 1986）。臺灣藍鵲的食性為雜食性，早年研究發現，臺灣藍鵲若是於果園築巢繁殖，成鳥在繁殖季的食物以水果及其他果實最多，其次是兩棲爬行類，昆蟲及小鳥等稍少。餵給雛、幼鳥的食物多屬動物性（劉 1986）。

此後並無有關臺灣藍鵲的進一步研究，而近期的文獻也僅有幾篇介紹性的短文而已（何 1988，姚 1993，周 1996，

吳 1998，沙 2001，劉 2003，馮 2004）。直到1996年，筆者進入臺灣大學動物學研究所就讀，並選定在陽明山國家公園內進行長期的臺灣藍鵲行為生態之研究，在中研院生物多樣性研究中心劉小如老師及臺大生態演化所李培芬老師指導下，數年來，陸續發表幾篇較為深入的研究成果（徐與劉 1998，劉與徐1998，徐 2001 2002，徐等 2001，徐等 2005），然而因人力及經費因素，目前的研究成果仍屬較小規模，且研究方法仍不夠嚴謹，但也已確實掌握臺灣藍鵲主要的繁殖模式與架構。

早年研究發現，臺灣藍鵲若是於果園築巢繁殖，則成鳥的食物中，水果及其他果實所占比例將相當的高。

Formosan Blue Magpie

02

02 翠翼朱喙，光彩照人

外部特徵

頭、頸、胸

　　臺灣藍鵲平均全長為60.3公分（範圍為55.1～64.5公分），體重約250公克。成鳥頭部到頸、胸部的羽色為黑色；身體其他部位的羽色大致為藍色。

↑ 臺灣藍鵲外型特徵明顯，羽毛顏色鮮明亮麗，臺灣紀錄到的鳥種中，只有外來種的紅嘴藍鵲與牠較為相似。

眼睛虹膜為黃色

嘴呈紅色

腳、趾呈紅色

五對尾羽的白斑上方為黑色

↑ 臺灣藍鵲成鳥。

中央尾羽最長

眼睛虹膜為黃色，當在陽光下，瞳孔縮小，會讓臺灣藍鵲的眼神看起來非常凶猛；嘴和腳都是紅色，上喙略長於下喙，有缺刻，可增加咬合力，配合上粗壯的腳爪，有助於牠們捕捉獵物及撕裂食物。筆者就曾在為牠們上腳環與測量的過程中，手指被咬到破皮流血，深刻的體會到那張大嘴的力道，甚至是剛離巢的幼鳥，牠的爪子也已經是非常尖銳有力。由於筆者通常單獨操作繫放，當左手抓著臺灣藍鵲，右手忙著測量時，一不小心被其尖銳有力的爪子抓住不放，則是稀鬆平常的事。

▌嘴為紅色、大而厚實、上喙略長於下喙，上喙尖端附近有缺刻（箭頭），此結構可增加咬合力。

➡ 剛離巢幼鳥的爪子非常尖銳有力，當不小心墜地時，緊抓途中之葉叢或樹枝，可減緩落地速度而避免受傷。

民眾乍見臺灣藍鵲時，常驚豔其飛行時大開飛羽與尾羽時之美。其主要特徵為六對尾羽左右對稱，中央尾羽最長，末端均有白斑。

尾羽

　　臺灣藍鵲的尾羽很長（約39公分），占全長的三分之二，共有六對，為左右對稱，中央一對最長，且六對末端均為白色，而較短的五對尾羽其白斑上方為黑色；當伸展身體或飛行時，把翅膀以及尾羽打開，此時是臺灣藍鵲最漂亮的時候，我想很多驚豔於臺灣藍鵲之美的人，應該也是因為看到這一幕而被感動的吧！

　　臺灣藍鵲的翅膀形狀偏向圓形，這表示牠們不善高速及長距離飛行，不過當牠們在攻擊入侵者或捕食獵物時，飛行技巧可是很好的。另外，其部分飛羽末端邊緣具有小白斑，有時因羽毛磨損而不可見；尾上覆羽末端為黑色。

↑部分飛羽末端邊緣具有小白斑（箭頭上），有時因羽毛磨損而不可見；而尾上覆羽末端為黑色（箭頭下）。

撲朔迷離，如何辨雌雄

　　臺灣藍鵲雌、雄成鳥的外型相似，難從外觀直接看出性別。但由繫放所獲得的外部形態測量值顯示，雄成鳥各部位平均測量值均比雌成鳥稍大，兩者間的嘴長（41.6比40.1公厘）與跗蹠長（51.8比50.4公厘）有顯著差異，而最大翼長、尾羽長與重量則無顯著差異。不過由於兩者的測量值範圍有重疊區，因此無法單就測量值作為判斷性別之依據。目前可藉由採集微量的血液或羽毛，以分子生物技術來鑑定其性別，或者在繁殖期觀察其交配行為來判斷性別。另外，根據筆者多年觀察發現，只有雌成鳥會孵卵，所以於繁殖季繫放時，腹部若有孵卵斑則是雌成鳥，不過沒有孵卵斑，並不代表一定是雄成鳥喔！

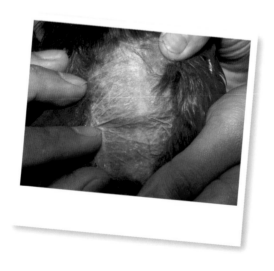

↑ 抱卵斑位於腹部皮膚裸出部位，此處血管集中、溫度較高。親鳥抱卵時，展開腹部羽毛，使抱卵斑與卵接觸，並定時翻動卵以讓溫度均勻。

雖然測量體型之後，知道雄成鳥的體型略大於雌成鳥，但因差異不大，且外型相似，所以難從外觀
直接分辨出其性別。（左：雄鳥，右：雌鳥）

成、幼鳥外部特徵間的差異

離巢至一個半月大幼鳥

　　幼鳥離巢時（約三週半大），眼睛虹膜為灰藍色，嘴為灰白色，腳為深褐色，尾羽仍短，且羽色偏暗，外型明顯與成鳥不同。此時腳幾乎已發育完全，具有強勁的抓力，以利其停棲橫枝。離巢幼鳥的平均重量為175公克，為成鳥平均重量的十分之七；但其翅膀及尾羽仍未完全發育完全，平均翼長為126.7公釐，只有成鳥的三分之二，而尾長平均為53.2公釐，只有成鳥的七分之一。由於腳幾乎已發育完全，而翅膀及尾羽仍發育有限，這種特徵通常稱為「不對等的發育」。

　　一個半月大的幼鳥其飛行能力已算不錯，尾羽約與身體同長，嘴略帶紅色，眼睛虹膜仍是灰色，腳為褐色，體羽顏色偏暗。相較於成鳥的體羽鮮明，以及尾羽長度的差異，兩者的外部特徵還是很不一樣。

	三週	一個半月	三個月
眼睛虹膜	灰藍色	灰色	黃褐色
嘴	灰白色	略帶紅色	橙紅色
腳	深褐色	褐色	橙紅色
羽色	偏暗	偏暗	鮮明

↑臺灣藍鵲各階段外部形態特徵比較。

↑成鳥與一個半月大的幼鳥（右）。此階段幼鳥的飛行能力已不錯，尾羽約與身體同長，嘴開始轉紅；成鳥仍會餵食牠們。

三個月大幼鳥

　　三個月大的幼鳥外型已接近成鳥，眼睛虹膜轉爲黃褐色，嘴與腳的顏色已轉爲橙紅色，上喙尖端附近有明顯缺刻，翼長平均爲193公釐，而平均重量爲229公克，尾羽長度仍比成鳥短，但平均長度已有308公釐，有時成鳥的尾羽因磨損或折斷反而比牠們短，但體羽顏色變得較爲鮮明。成鳥偶爾還是會餵食此階段的幼鳥，不過幼鳥本身也會練習捕捉小昆蟲以作爲食物。

↑成鳥與剛離巢幼鳥。此階段的幼鳥不善飛行，尾羽仍短、偏黃，且體羽顏色偏暗，外型明顯與成鳥有很大差異。

↑成鳥與三個月大的幼鳥（右）。此階段幼鳥的嘴和腳已呈紅色，虹膜亦已轉黃，外型輪廓接近成鳥，有時成鳥的尾羽因磨損或折斷反而比幼鳥短。幼鳥已會練習捕捉小昆蟲當食物。

Formosan Blue Magpie

03

03 | 感官與學習

▌敏銳的視覺

　　臺灣藍鵲有極敏銳的視力，可在高枝上就察覺到數十公尺外地上獵物的蹤跡，且多數鳥類的眼睛能在瞬間將焦點改變，因此非常利於牠們捕食獵物以及逃避掠食者。另外，良好的視力也有利於家族成員間的溝通，彼此間即使是一個細微動作，也可清楚感知對方所要表達的訊息。

↑ 臺灣藍鵲對四周動靜非常敏感，可以察覺數十公尺外地上的獵物或掠食者蹤跡，以適時發動攻擊或發出警告叫聲。

優異的獵捕技巧

臺灣藍鵲屬雜食性動物，由牠們帶回巢區的食物種類可以得知，幾乎整個環境空間的食物均可利用，如在空中飛的昆蟲；構築在高達數十公尺樹冠層上鳥巢內的雛鳥；躲藏在森林底層茂密灌叢內或地面的爬行動物；生活在水邊的兩棲類等都是牠們獵捕的對象，由此可知牠們擁有很好的搜尋獵物能力以及獵捕技巧。

⬆ 家族成員間藉由叫聲與動作來加強維繫彼此之間的關係，如張開並揮動翅膀向迎面而來的成員打招呼。

➡ 臺灣藍鵲常下到地面活動，灌叢底下、草叢裡面仍是其搜尋食物的活動範圍。

靈敏的聽覺

長期演化下，臺灣藍鵲已發展出多種具有功能性的叫聲，如聯絡叫聲、警告叫聲、乞食叫聲等，結合其敏銳的聽覺，將可使牠們在很遠的距離即可達到訊息傳遞目的。如隔壁的臺灣藍鵲家族入侵領域，或是遊蕩者的闖入試探，陌生或敵對聲音的出現，將使領域主人在最短時間內，作出必要反應。另外，牠們對於不同類型的掠食者，已有各種相對應的警戒位置與警告叫聲，且其成員參與的程度也會不同，如遭遇鳳頭蒼鷹時，幾乎整個家族全員出動，環繞於蒼鷹附近，專心注視著蒼鷹的一舉一動，且不時發出響亮、悲悽的警告叫聲，一旦蒼鷹有所動作，即緊緊跟上，想必是要在最關鍵一刻發動有效攻擊，但若是遭遇到貓，緊張程度與叫聲音調則會緩和許多。

→ 鳳頭蒼鷹的飛行速度與力量均勝過臺灣藍鵲一籌，是臺灣藍鵲最大的天敵。每次遭遇鳳頭蒼鷹時，總是家族全員參與驅敵，成員反應激烈萬分。

嗅覺與味覺

我們不清楚臺灣藍鵲的嗅覺或味覺是否異於其他鳥種。一般而言，過去均認為鳥的嗅覺不是很好，但是近期研究報告中（97年8月），以基因資料證明鳥類也具有發達嗅覺，甚至其嗅

覺可能遠超過我們所認知的。事實上，確實有些鳥種具有嗅覺特佳的例子，如紐西蘭的奇異鳥（kiwi），藉由長嘴末端的鼻孔可嗅出十公分以下深度的蟲進而捕食，或是藉由嗅覺發現數公里外腐屍的美洲兀鷹。至於味覺，人有一萬個味蕾，而鳥類中，就屬鸚鵡的味蕾最多，但也只有約四百個，其他鳥類就更少了。

玩樂與學習

臺灣藍鵲具有很強的好奇心，筆者曾在觀察過程中，不小心讓單筒望遠鏡的蓋子滾了出去，而觀察對象一隻滿一歲的個體竟然就當著筆者的面，在距離不超過三公尺地方，認真地啄著那個蓋子；筆者也曾見過牠們玩弄地上廢棄的太陽眼鏡框，也見過牠們咬著彈珠玩，這些行為學習將有助於牠們的存活，因為藉由觀察其他成員的一舉一動，牠們將很快學會什麼是食物，什麼是天敵，以及如何利用叫聲與肢體做溝通。

▌臺灣藍鵲不僅搜尋能力強，搜尋範圍大，且好奇心很強，連民眾因運動而暫放在旁邊的袋子也要探索看看。

▌幼鳥或亞成鳥會折一段枝葉當作練習覓食、貯藏食物或築巢的材料，常可見到牠們把葉子一片一片的拆掉，練習放置在橫枝上或樹洞內。

Formosan Blue Magpie

04

04 成長日記

雛鳥

臺灣藍鵲剛孵出的雛鳥全身沒有羽毛，眼睛尚未睜開，脖子無力，唯有乞食時，才會用力將頭舉高，這階段的雛鳥平均重量只有 8.7公克。約到了第8天時，雛鳥的眼睛才可以張開，此時各羽區開始冒出羽鞘，但仍無明顯的羽毛長出，這時平均重量約為73.2公克。長到兩週大的時候，嘴為灰白色，腳為深褐色，雛鳥各羽區的羽毛明顯冒出於羽鞘外，初級飛羽的羽毛較為明顯，此時的平均尾長只有9.6公釐，而平均重量為 150.4公克。離巢前4～5天（約18天大），雛鳥即會站在巢邊觀望，且時常伸展身體與翅膀，並練習跳躍以及拍翅，以強壯自己的肌肉及能力。離巢前，會嘗試性的跳至巢外橫枝，然後又隨即小心翼翼的邊拍翅跳回巢內，如此反覆練習，然後慢慢把離開鳥巢的距離拉大。整窩雛鳥依雛鳥發育狀況不同，會在2～3天內逐漸離巢，一旦飛離巢後，就不會再回巢。雛鳥從孵化至離巢需 21～24天。

剛孵出的雛鳥全身無羽，平均重量8.7公克，眼睛尚未睜開。

8天大的雛鳥，平均重量73.2公克，眼睛可慢慢張開，各羽區冒出羽鞘。

↑ 接近離巢階段的雛鳥會站在巢邊觀望，以熟悉周遭環境，且會利用時間在原地拍動翅膀練習飛行。

10～11天	13～14天

↑ 11天的雛鳥部分羽區的羽毛冒出於羽鞘外，如頭頂與背部。

↑ 兩週大的時候，平均重量150.4公克，雛鳥各羽區的羽毛明顯冒出於羽鞘外。

幼鳥

離巢～三個月

　　離巢幼鳥的外型與成鳥有明顯差異，此時腳幾乎已發育完全，但由於這階段還不太會飛，有時會不小心掉落底層，因此可利用爪子抓住枝葉，以避免摔傷。而其翅膀及尾羽也分別只有成鳥的三分之二與七分之一，所以仍然不善飛行，只能在樹枝間以跳躍加上拍翅方式，做小距離移動。幾天後，幼鳥即能作短距離飛行；再過幾週後，即可隨群逐漸離開巢區，在領域內活動。等到一個半月大的時候，幼鳥的飛行能力就已相當不錯，不過還是經常待在巢區內，等家族成員帶食物回來。

　　三個月大的幼鳥，其外型已與成鳥相似，且隨著成鳥餵食牠們的次數減少，自己覓食技巧越來越好時，而達到獨立覓食的階段。不過，有時若乞食不到，也會賴皮地去搶成鳥的食物，一旦得逞，成員也不會硬搶回來，少數幼鳥得到食物後，還會回巢餵食第二窩的雛鳥（即其弟弟、妹妹）。此階段牠們也已學會折樹枝或拔苔蘚放在樹木的橫枝或隙縫內，筆者認為這是在練習貯藏食物的動作。此時幼鳥間有明顯爭執且次數增加，此乃是為了建立個體在群內的階級地位，而這時的幼鳥大概也了解哪些動物是天敵，所以一旦發現危險即會發出警戒叫聲及作出警戒姿勢。

離巢3天的幼鳥移動間一個沒抓穩還是會掉落到地面，此時，除家族成員會在旁邊保護外，幼鳥也會盡快利用斜長的樹幹，以邊跳邊飛的方式回到樹林高處。

三個月～

　　同窩幼鳥在兩、三個月大時，會藉由打鬥以
決定自己在家族內階級地位的排序，強勢者逼近
弱勢者的同窩幼鳥，然後踩在牠們背上，造成後
者的不平衡而往下飛，如此以確立自己高階的地
位。我們也觀察到第一窩幼鳥以類似方式去欺負
第二窩幼鳥，雖然兩者年齡相差約兩個月，體型
差異也很大，這種行為還是發生了，或許這也是
讓後者知道誰的地位較高。由於後者剛離巢，仍
不善飛行，有可能因此而落地，
但隨第二窩幼鳥日漸成長、
行動較為敏捷之後，即可
避免落地事件重演。不
過，伴隨第二窩的幼鳥
被欺負時所發出的慘
叫聲，周遭的成鳥通
常會趕過來解危。

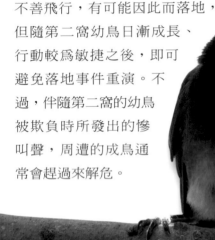

↑一個半月大的幼鳥飛行能力已不錯，不過
　還是常待在巢區內，等家族成員帶食物回
　來。此時幼鳥的尾羽約與身體同長。

↑三個月大的幼鳥其外型與成鳥相近，覓食技巧逐漸進步，且在家族內的階級地位也大致確定，大概
　了解哪些動物是天敵。

⬆ 第一窩幼鳥欺負同窩的幼鳥，前者踩到後者身上，造成其不平衡而往下飛，由此建立自己較為高階的地位。

⬆ 第一窩幼鳥欺負第二窩幼鳥，前者兩隻腳均已踩到後者身上，造成其不平衡，由於後者剛離巢，仍不善飛行，因此有可能落地。

▌亞成鳥

　　根據一般定義，幼鳥在經歷第一次換羽至成鳥之間的階段稱爲「亞
成鳥」，多數鳥約至第二年繁殖季即成爲成鳥，且具有繁殖能力。一些
較大型的鳥類，如信天翁、鷹及鶴等，可能需數年時間才能成爲成鳥，
也就是其在數年間均是處在亞成鳥階段。由於我們不確定臺灣藍鵲幼鳥
第一次的換羽時間，只能大概認定在9月之後、第二年4月前期間的個體
改稱爲亞成鳥，而這階段的外部形態已與成鳥非常相似。

↑ 幼鳥換羽之後成了亞成鳥，此時外型與成鳥幾乎沒有差異。由於牠沒有從小繫上色環，筆者只能藉
　由其較不怕人，以及較會去利用人類餵食的食物推判牠是亞成鳥。

▌成鳥

　　「成鳥」的定義為每年繁殖期之際，個體羽色不再有顯著差異，即此個體進入成鳥階段，這也代表牠們應具有繁殖能力。而臺灣藍鵲到了出生的第二年之後（即人類年齡算法的虛歲兩歲），不同年齡或不同性別的個體之間，其外型差異不大，因此認定臺灣藍鵲應該在出生第二年即可算是成鳥。另外，經觀察發現，雄鳥在第二年進入臺灣藍鵲繁殖期時（4月至7月），若有適當機會也會嘗試繁殖，但是這種行為只觀察到一個例子（主流是留在家族內當幫手），且這個例子的繁殖結果是失敗的，其繁殖嘗試只進展到築好巢，並沒有進入到產卵階段，因此無法確定雄的臺灣藍鵲在第二年其生理上是否已有繁殖的能力。而雌的臺灣藍鵲到第二年則確定已具有繁殖能力，雖然因年輕或領域品質差，而使繁殖成功率較低，但確實已有繁殖成功案例。

↑ 不同年齡或不同性別的臺灣藍鵲成鳥之間，其外型差異不大。實際上，若各位在野外觀察臺灣藍鵲時，帶有望遠鏡或拍下照片，將可發現個體間的尾羽還是會有些差異。

　　雖說成鳥間的外型差異不大，但有些因素會造成牠們尾羽狀況有所不同，觀察者可以將此特徵當作短期的辨識依據。如健康的因素，當個體的身體狀況較差時，即會影響羽毛品質，因此較容易磨損或折斷。另外，或許第二年鳥的覓食技巧不佳或羽毛品質原本就較差，所以很多第二年鳥的尾羽都不是很完整。

↑左邊個體的尾羽品質明顯較差所以顯得稀疏，且最長的尾羽容易折斷。

↑右邊個體尾羽完整，共六對、左右對稱（白斑是每根尾羽的末端）；而左邊個體的尾羽則是右邊第一根為新長出來（淡黃色）、缺右邊第五根，且最長的那對尾羽已折斷，所以其尾羽較短。

　　還有當遭受到天敵的捕食，或尾羽被陷阱夾到時，為掙脫下束縛也有可能造成整個尾羽的脫落。當然，還有正常的換羽，也會使尾羽的狀況有所改變。

➡當遭受到天敵捕食，或尾羽被陷阱夾到時，掙脫下即有可能造成整個尾羽脫落，曾有人向民眾解說成是隻幼鳥，實為重大錯誤。

換羽與清理

換羽

　　臺灣藍鵲於繁殖期後期（6、7月左右）開始換羽，起始時間可能跟每個成員參與繁殖的程度以及年齡有關，如忙著繁殖，就會較晚開始換羽。目前，仍不清楚年齡跟身體各部位換羽順序、換羽時間的確切關係。但較明顯的換羽部位是頭部、頸部及尾羽，若張開翅膀，也可發現飛羽正在更換。繁殖期後期的觀察期間，常在巢區內撿到換下來的初級飛羽或尾羽，且通常已有明顯的磨損痕跡。到了11月左右，主要部位的羽毛都已換好（不確定是否全部羽毛每年都更新），所以12月左右，是臺灣藍鵲最漂亮的時候，牠們將以這身全新的服飾度過臺灣又濕又冷的冬天。

理羽與清潔

　　臺灣藍鵲為了維護羽毛功能的完整，每天會至巢區附近的水池、小溪、溝渠或利用其他積水夠深的地方洗澡，且一天總會洗上好幾回。接著，牠們會花很多時間進行理羽，有時是讓其他同伴幫忙理羽，這將有助於彼此關係的增強。另外，臺灣藍鵲還

↑ 繁殖期後期開始換羽，全身多處均開始更換，如臉部、頸部、飛羽與尾羽，此階段堪稱是臺灣藍鵲最醜的時候。

↑ 與左圖均是8月底所拍，其尾羽很短且幾乎快看不見，很明顯的，有一根尾羽是新長出來的。

↑ 每天會至巢區附近的水池、小溪、溝渠或利用其他積水夠深的地方洗澡，一天總會洗上好幾回。

有個特殊的行為，稱作「蟻浴」（anting），即牠們會在蟻窩或蟻群附近活動，然後採用一種特別的姿勢驚動螞蟻而使其爬上身。其目的是當螞蟻叮咬而分泌出的蟻酸似乎可驅除其身上的體外寄生蟲，以確保健康及羽毛完整。如此大費周章，可知羽毛對牠們是何等重要。

↑ 洗澡之後或休息時間會花很多時間進行理羽，有時是讓其他成員來幫牠理羽，這將有助於彼此關係的增強。

↑ 臺灣藍鵲正進行蟻浴，藉由在蟻窩或蟻群附近活動而驚動螞蟻，螞蟻爬上身後，叮咬所分泌出的蟻酸似乎可驅除其身上的體外寄生蟲。

Formosan Blue Magpie

05

05 分布、棲地環境

棲息環境

臺灣藍鵲主要棲息在臺灣本島低、中海拔山區的闊葉林、針葉林及附近的果園或開墾地，偶爾也會出現在鄰近山區的平地，如臺北縣萬里。根據中華民國野鳥學會的鳥類資料庫資料顯示，臺灣本島15個縣（含市）所涵蓋的區域內，以北部地區（臺北、宜蘭與桃園）有較高的族群密度；而以臺南、雲林與嘉義被紀錄到的筆數最少；至於南部地區，則以高雄紀錄的筆數最多。

近年來，較容易觀察到臺灣藍鵲繁殖行為的地區，有臺北的陽明山、內湖、新店、烏來、坪林與汐止，桃園的石門水庫，宜蘭的頭城，臺中縣的惠蓀林場、奧萬大、八仙山與霧峰，高雄的扇平，花蓮的富源等地。隨著越容易觀察到其繁殖行為之際，相對的，每年臺灣藍鵲雛鳥被竊的新聞也時有所聞。

分布

從臺灣藍鵲在臺灣的分布概況圖看來，咖啡色表示有紀錄到臺灣藍鵲的地方，草綠色則是沒有發現有臺灣藍鵲的地方，空白處則是沒有調查紀錄。如上述，圖中呈現北部地區有較高的族群密度，而尚有很多地區都還未去調查。筆者已好幾年沒有更新分布資料，其實有些地方現在已記錄到有臺灣藍鵲的分布，如墾丁國家公園，雖然數量很少，但隨著藍鵲族群的穩定、緩慢成長，我想未來應該會再有更多適合的地方出現臺灣藍鵲。

↑中華鳥會線上鳥類資料庫累積鳥友們歷年在野外的鳥類觀察紀錄，此資料將可作為臺灣鳥類分布紀錄和相關研究之重要素材。

N

國家公園範圍

無紀錄

有紀錄

↑臺灣藍鵲在臺分布概況。

⬆️竹子湖區域內至少有三個臺灣藍鵲家族
常年棲息於此,其棲地類型主要是柳杉
林、次生林、菜園、苗圃與草地。

➡️利用屋頂瓦片凹
面作日光浴。

　　陽明山的竹子湖地區至少居住了三個臺灣藍鵲家族,其棲地類型主要是柳杉林、次生林、菜園、苗圃與草地。觀察這些家族的活動,可發現牠們常停棲於電線、路燈、樹頂或屋頂上等制高點觀察。牠們會至各個空間位置仔細搜尋食物,也會在偏好的秘密空間將未吃完的食物儲藏起來,或是利用小溪、水溝、水池或農夫貯水容器來洗澡,甚至還可觀察到牠們利用屋頂瓦片凹面,將身體擺放在裡面作起日光浴。當然,也有牠們所習慣用來休息、理羽的大片樹林。繁殖期間,其活動範圍會較集中在巢區附近(這時是最適合觀察牠們繁殖行為的時候),這三個家族(代號分別為BA、MO與TO家族)均是在柳杉林內築巢,也常在柳杉上築巢,但偶爾也會利用區內極少數的紅楠當巢樹。有趣的是,MO家族所利用的柳杉林,每逢假日有相當多的人潮在此擺桌吃飯。而牠會利用此區繁殖,除了因為人多而使臺灣藍鵲

的天敵不敢靠近外，也許也是因為有廚餘可以利用。而TO家族所利用的柳杉林則常被當作拍戲現場，或是拍攝婚紗照的熱門景點，同樣是常有民眾進進出出。不過這兩個家族依然習慣長年利用這些地方繁殖，且繁殖成功率算是蠻高的。

➡ 6隻臺灣藍鵲停棲於臺電的輸電裝置上觀望或略作休息。

↑ MO家族選擇柳杉林當巢區，也常在柳杉上築巢。此區是人類擺桌吃飯的地方，假日有相當多的人潮。

➡ TO家族也會選擇柳杉林當巢區，也常在柳杉上築巢，但偶爾會利用區內極少數的紅楠當巢樹。此區常被當作拍戲現場，也是拍攝婚紗照的熱門景點。

↑ CA家族選擇闊葉林作為巢區，常在紅楠上築巢。此區常有露營活動，臺灣藍鵲似乎能接受這樣的狀況，不僅每年在此繁殖，一年還可繁殖兩次。

　　另外再介紹一個利用次生林當棲息地的臺灣藍鵲家族，CA家族選擇棲息在七星山區的邊坡，而巢區則是在一露營場內的闊葉林。場內主要棲地類型是小面積的開闊地、灌叢、建築物及由相思樹、紅楠、柳杉等樹種組成的次生林。由於露營場入口有人車管制，民眾並不能隨意進入，所以對臺灣藍鵲而言較不會受到干擾。然而，當有露營活動時，還是會有人群在巢區活動，不過臺灣藍鵲似乎也能接受這樣的狀況，不僅每年在此繁殖，一年還可以繁殖兩次。

　　臺北市區的大安森林公園與植物園均曾出現過臺灣藍鵲，不過筆者認爲牠們較可能是從籠中逃逸出來，或有人放生的個體。但隨著臺北盆地周遭山林已有臺灣藍鵲族群和緩成長的結果，以及筆者研究的族群中，曾有個體從陽明山擴散至新北投而知，當民眾保育觀念提升，獵捕壓力降低，也許哪一天牠們擴散到市區的公園生活也是有可能。雖然臺灣藍鵲已廣受大家注意與喜愛，但對於牠們在臺灣的確切數量以及分布情形還不是非常清楚，因此，希望有相關研究單位可以儘早進行這方面的研究調查。

Formosan Blue Magpie

06

06 生態習性

▋食性

臺灣藍鵲屬於雜食性動物，舉凡天上飛的、地上爬的、水裡游的，不論活的還是死的，都有可能成為牠們的食物來源。換句話說，牠們幾乎什麼都吃，從廚餘垃圾、動物殘骸、果實、水族、昆蟲、兩棲爬蟲，以至於鳥類、哺乳類都會利用。筆者就曾看過牠們停棲在路邊樹上，或是站在路邊等候馬路上沒有汽車經過的時候，去啄食或叼走路上已被汽車壓得乾扁的動物屍體，不過也因為這樣，造成有些經驗不足的臺灣藍鵲被汽車撞死，其他像領角鴞這種貓頭鷹，也常發生同樣意外。也曾見過臺灣藍鵲去撿食民眾放置在路邊餵流浪狗的乾狗糧。

↑ 臺灣藍鵲捕獲一隻肥大的毛蟲，毛蟲在臺灣藍鵲的食物項目中占了相當大的比例。在中國大陸甚至會於白天放出紅嘴藍鵲讓牠至野外山林捕食毛蟲，算是種生物防治方法。

↑ 攀蜥在陽明山的族群量蠻多的，其在臺灣藍鵲的食物項目中占了很高的比例。

如果臺灣藍鵲經常出現於住家附近，那該住戶可就要當心囉！因爲吊在屋簷下的香腸很可能會不翼而飛，養在院子裡的幾隻黃毛小雞有可能一隻接著一隻失蹤，而這些情況，都有極大可能是臺灣藍鵲們做的好事。

↑ 雖然無法把大型的錦蛇當成食物，但是臺灣藍鵲的攻擊力還是足以驅離大錦蛇。若單一個體不行，還會發動其他家族成員進行聯合攻擊。

臺灣藍鵲從橫枝上瞄到地面有獵物，即俯衝而下。不到一分鐘回到橫枝，只見嘴裏已叼著一隻小鼠，我猜應該是嘴、腳並用，加上瞬間攻擊才得以成功吧！

連五色鳥的離巢幼鳥均無法逃過一劫，那其他小型鳥的處境就可以想像了。常見臺灣藍鵲在樹冠層或灌叢內搜尋鳥巢內的雛鳥，嚇得親鳥在附近直叫或發動攻擊。

　　不過，如果住家附近有蛇、蜈蚣或毛蟲出現，牠們發現後也會順便幫忙清除或驅離，因此與藍鵲家族為鄰也不全都是壞事啦！

　　雖然臺灣藍鵲經常出現在垃圾堆附近來利用垃圾食物，不過這占所有食物來源比例並不高。因此，請不要叫牠們「垃圾鳥」。根據在繁殖期間的觀察，牠們攝食最多的食物種類是蜥蜴和毛蟲，另外，牠們也會捕食鼠類、鳥類與蛇，雖然次數不如蜥蜴和毛蟲多，但成功捕獲一次即可獲得充分的營養需求。筆者曾觀察到牠們捕食樹鵲及五色鳥的離巢幼鳥，連這些體型不算小的鳥類均無法逃過一劫，那其他小型鳥的處境就可想而知了。至於蛇類，則見過捕食體型尚小的赤尾青竹絲與眼鏡蛇等毒蛇，以及體長達約90公分的樹棲性蛇類。不過，能抓到這些高難度的獵物，可是要有相當高度的捕食技巧與經驗，因此通常是家族內最高階的雄鳥才有此能力。到了冬天，各式各樣的植物果實可能就會占牠們食物來源的很大部分。

▌取食與貯存行為

臺灣藍鵲也有與食性相關的有趣行為，例如：臺灣藍鵲在啄食大毛蟲之前，會先咬住毛蟲一端，然後頭部左右搖擺，以藉由粗糙的樹皮把毛蟲身上的細毛磨掉，待磨到某種程度之後，便以喙啄破毛蟲的尾端，使毛蟲體內體液大量流出，然後開始啄食。臺灣藍鵲有貯藏食物的習性，牠們會把吃剩的食物藏起來，通常藏在樹洞或是葉叢內，也會藏在石頭底下，只要有縫隙可以塞東西的地方皆可利用，有時放好後，還會隨嘴咬取旁邊的苔蘚或葉子蓋住。或許每個成員都有自己偏好用來藏食物的位置，我們也很好奇這些食物被藏多久之後會再被找出來食用，以及臺灣藍鵲記得所藏位置的機率有多高，食物被其他成員發現而被竊的機率又有多高？有時成員間也會有共享食物的情況發生。筆者過去就曾觀察到一份食物從被帶回來到吃完，總共經過七隻成員的

⬆臺灣藍鵲將一隻鼩鼠（箭頭）藏在樹洞內，並且蓋上一片枯葉。

⬆臺灣藍鵲將食物藏在支架木的縫隙內（箭頭），並隨嘴咬取旁邊的葉子蓋上。

嘴，整個食物的傳遞涵蓋了配偶、親子、親友間的乞食贈與，或因偷竊、強搶等，以上行為皆是家族成員之間互動關係的展現。

有一次，筆者曾觀察到一隻臺灣藍鵲雄成鳥叼著一隻完整、且還會蠕動的赤尾青竹絲，後面則跟了數隻發出細微叫聲的成員一同回到巢區。雄成鳥會先啄食赤尾青竹絲的頭部，以把其身體從中分成兩段，然後叼著飛到林緣，把後半段藏在樹林底層的落葉堆間。之後，啄食前半段，並分三次去餵食巢中的雌成鳥。臺灣藍鵲捕食蜂蛹及幼蟲時，是先將整個蜂窩帶回巢區，然後用喙直接啄食蜂窩內的蛹及幼蟲，而不會破壞蜂窩的結構。但有一次，筆者則是觀察到一隻幼鳥把整個蜂窩慢慢扯破，然後吃裡面的蛹及幼蟲，此差異或許可能是幼鳥學習覓食的一個中間過程。雖然臺灣藍鵲是雜食性動物，食物來源非常廣泛，但是牠們懂得把剩餘的食物資源貯藏起來以便不時之需，或與其他同伴分享；而且，牠們對於食物非常珍惜，可以吃的部分均會徹底吃光，一點都不浪費，這或許也是一項讓人值得讚許的特質吧！

➡先將赤尾青竹絲的頭部吃掉，蛇的前半段經啄食後拿來餵巢內雌鳥；後半部則藏在落葉堆內。

⬆ 臺灣藍鵲捕食蜂蛹及幼蟲時，是將整個蜂窩帶回巢區，然後用喙直接啄食蜂窩內的蛹及幼蟲，並不會破壞蜂窩結構。

⬆ 臺灣藍鵲對於食物非常珍惜。圖中是蛇的殘骸，頭部連骨頭都被吃掉，而其他可以食用的部位均徹底吃光。

▌領域與社群組成

根據筆者在陽明山國家公園初步的研究結果發現，臺灣藍鵲平均領域約為48公頃（1公頃為1萬平方公尺），最特殊的例子是相同一對繁殖者至少連續7年使用同個領域繁殖。這情形說明了牠們配偶關係的長久維繫及穩定，且可長期使用相同領域，而該領域通常也會由近親或子代繼承下去，代表了這個領域的品質是高的，使得藍鵲家族世代願意留在此領域繁殖，共同保衛這個領域。

當然，這也意味這個家族的繁殖成功率很高。因如果氣候、天敵、資源不夠，或者其他干擾等因素影響，而造成在此領域繁殖不順利，那麼牠們就可能會放棄這個區域，另外在鄰近地區建立領域。所以，有些成員數較少的家族，有可能每年都要被迫更換領域。

臺灣藍鵲具有很強的領域性，若相鄰的兩個家族之間具血緣關係，則在邊界遭遇時並不會有激烈爭鬥，而是進行一種類似聚集聯繫的儀式，且似乎還分成核心與外圍分子，或許這是成員在做彼此的認識或是訊息交流；相對的，若相鄰的兩個家族之間沒有血緣關係，當在邊界遭遇時，彼此成員會有爭鬥追逐行為發生，若兩群成員數的比例懸殊時，小家族者將被鄰群成員做長距離的驅離。

↑LA家族原在大水池邊的樹林築巢，成功率還蠻高的，同對繁殖者連續使用此巢區7年；但之後的領域繼承者把巢區選在馬路邊後，因巢樹不高，雛鳥幾乎每年都被偷。

↑ 相鄰的兩個家族之間若有血緣關係，則在邊界遭遇時，並不會有激烈的爭鬥，而是進行一種類似聚集聯繫的儀式，似乎還分成核心與外圍分子。

成員組成與變化

臺灣藍鵲是採合作生殖的「巢邊幫手制」來繁殖，即群內只有最優勢的一對繁殖者可以繁殖（一夫一妻），而其他成員即擔任幫手（遷進來的雌鳥除外）。96%的臺灣藍鵲家族有幫手存在，如此共同組成以家族為基礎的群體。一群臺灣藍鵲通常由6～7隻的個體所組成，以CA家族為例，筆者觀察那年，當時雄繁殖者是5歲，群內有4個幫手，都是雄性（雌性子代較早就擴散出去），分別是4歲、2歲、2歲與1歲，前三者均是雄繁殖者的近親，只有最後一隻才是牠的兒子；而有1隻從別的區域擴散進來的雌鳥，牠是後備的雌繁殖者，在群內等待著繁殖機會的出現，如果原來的雌繁殖者死掉，繁殖者當季所產生的子代會留在領域內，待繁殖者下一次生殖時，這

些子代即會擔任幫手，幫忙護巢及提供食物給繁殖者與雛鳥，但在第二年時，部分子代可能因擴散或死亡而未再出現在原領域內。所以，每個年齡層幫手的數量，就是依據前一年家族繁殖的狀況，以及冬天這些亞成鳥存活情形的綜合結果。

擴散進來的雌鳥除了是雌繁殖者的候備外，平時牠也可與雄幫手建立良好關係，一旦有機會，即和雄幫手（們）一起擴散出去以建立自己的領域。只是在兩個優質領域之間，所擠出來的領域品質會較差，且領域面積較小，若又沒有幫手幫忙，前幾年繁殖成功的機率很小，因此這類臺灣藍鵲群所棲息的領域較常更動。而雄幫手除由上述方式獲得繁殖機會外，還可等待雄繁殖者死亡或失蹤後，來繼承此領域，並接收雌繁殖者或雌遷入者，且獲得群內成員幫助，於下一次繁殖季開始進行自己的繁殖。

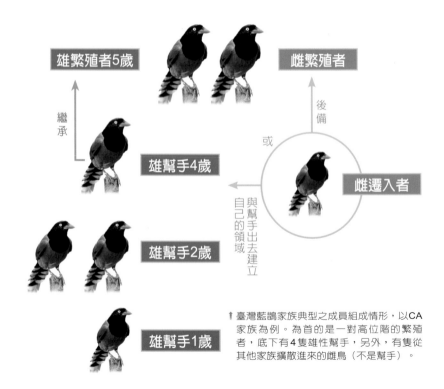

↑ 臺灣藍鵲家族典型之成員組成情形，以CA家族為例。為首的是一對高位階的繁殖者，底下有4隻雄性幫手，另外，有隻從其他家族擴散進來的雌鳥（不是幫手）。

天敵

臺灣藍鵲群對鳳頭蒼鷹的出現其反應非常激烈，牠們不僅會全員出動防衛，還會發出最響亮、悲悽的叫聲。過去詹前衛先生在拍攝臺灣藍鵲繁殖行為時，曾拍到鳳頭蒼鷹攻擊臺灣藍鵲巢內的雛鳥，且成功抓走雛鳥，而數隻臺灣藍鵲成鳥根本來不及防禦與阻止。筆者觀察後發現，即使是鳳頭蒼鷹的亞成鳥，臺灣藍鵲群亦無法有效驅離牠。有一次，鳳頭蒼鷹亞成鳥在臺灣藍鵲巢區外圍徘徊一個多鐘頭，雖臺灣藍鵲群已及早發現而包圍，但其攻擊對鳳頭亞成鳥似乎是沒有作用，後來還是鳳頭蒼鷹自行離開。幸好那次臺灣藍鵲尚處於孵蛋階段，因此並無損失，可是後來育雛期陸續少了三隻雛鳥，不知是否與鳳頭亞成鳥有關？另外，李坤林先生在宜蘭頭城也曾拍到鳳頭蒼鷹捕獲臺灣藍鵲成鳥的珍貴畫面，因此可知道鳳頭蒼鷹也是臺灣藍鵲的主要天敵。

↓ 竹子湖玉瀧谷中段區域就不是一個品質佳的臺灣藍鵲領域，每隔兩三年才有臺灣藍鵲群來此區繁殖一次，且繁殖成功率並不高，可能跟食物量、棲地內的氣候或天敵密度有關。

臺灣藍鵲

↑鳳頭蒼鷹是臺灣藍鵲最主要的天敵，有時連成鳥都難以倖免。當鳳頭蒼鷹欲抓攫臺灣藍鵲巢內的雛鳥時，臺灣藍鵲成鳥通常無法有效阻止。（李坤林／攝）

此外，貓和狗也常出現在臺灣藍鵲巢區附近，因為牠們可能會捕食學飛期間不小心掉落於樹林底層或地上的幼鳥。繁殖期間，常可觀察到數隻成鳥聯合俯衝攻擊闖入巢區的貓或狗，雖然因為成鳥常在巢區守衛，使得貓、狗成功捕獲落地幼鳥的機會不大，但這樣的情形還是可能發生，因此成鳥總是很盡責的去驅離這些侵入者，且筆者認為，若有機會，貓可能也會獵捕成鳥。

臺灣藍鵲的反擊

臺灣藍鵲的攻擊是採用背後偷襲，用腳踩（或蹬）侵入者的頭部或背部，其力道就取決於俯衝的距離及角度，被符合最佳攻擊條件下的力道擊中，會有腦震盪感覺；有時尖銳的爪子還可能劃傷額頭或脖子，所以還是與巢區保持距離為是。筆者觀察過臺灣藍鵲斷斷續續的攻擊一隻誤闖巢區的寵物狗十幾次，連主人在旁邊也堅持攻擊，小狗還嚇的躲到椅子底下，若不是主人在旁阻止，臺灣藍鵲的攻擊火力將更強。

大型的蛇也有可能獵捕停棲枝頭或掉落於樹林底層或地上的

↑ 臺灣藍鵲攻擊一隻誤闖巢區的寵物狗，連主人在旁邊也堅持攻擊。臺灣藍鵲的攻擊是採用背後偷襲，用腳踩（或蹬）侵入者的頭部或背部，看狗狗的表情，就知道這一下很痛。

幼鳥。臺灣藍鵲驅離牠們的方式是將自己雙翅張開、誇大自己體型，以達到威嚇效果，並且趁機去啄大蛇的尾巴，通常在數隻成鳥圍攻下，均可成功將蛇驅離出境。過去筆者曾發現盤踞在巢區內樹冠層上的錦蛇被臺灣藍鵲發現後，遭受攻擊落荒而逃。另外，有一次則是發現臺灣藍鵲群在巢區邊緣發出激烈警告叫聲，原來，是樹基部有隻粗大的眼鏡蛇在

滑行。後來，當筆者略微靠近，眼鏡蛇隨即溜走，也許這就是臺灣藍鵲會在住家附近築巢的用意吧！

↑ 臺灣藍鵲攻擊盤踞在巢區內樹冠層的錦蛇，之後錦蛇落荒而逃。無形中，也算是幫忙此區域內共存的鳥類或松鼠驅離了天敵。

↑ 松鼠的行動敏捷，且藉由趴低、躲在樹幹背後的方式，避過臺灣藍鵲攻擊，松鼠雖常被驅趕，但臺灣藍鵲並無法將牠們驅離或傷害到牠們。

曾有攝影者觀察過松鼠會啃咬五色鳥巢洞口（樹洞）周遭的樹木，逐日的啃使得樹洞口漸漸擴大，雖然五色鳥親鳥也會攻擊松鼠，但效果不大，直到某一天洞口夠大時，松鼠即趁機攻擊樹洞內的五色鳥雛鳥。而陽管處保育課黃光瀛先生也提過松鼠會去啃咬他放在野外實驗巢內的假蛋，以此推測，筆者相信當時機成熟，松鼠可能會去攻擊臺灣藍鵲的蛋或雛鳥。臺灣藍鵲在巢區內最常驅趕的動物就是赤腹松鼠，而臺灣藍鵲巢區內也常可發現松鼠的巢。由於松鼠的行動敏捷，且藉由趴低、躲在樹幹背後的方式，避過臺灣藍鵲攻擊，松鼠雖常被驅趕，但臺灣藍鵲並無法將牠們驅離或傷害到牠們。

　　SA家族中，繁殖雌鳥在育雛期間，原本只會攻擊狗，而繁殖雄鳥負責攻擊侵入的民眾，其他家族成員就不敢作這樣的冒險攻擊。隨著雛鳥越來越大，繁殖雌鳥也會攻擊誤闖的民眾。當然，這一切的冒險與辛苦，只是為了確保巢雛安全。「人」當然也是臺灣藍鵲的天敵，因為除了有些蓄意的干擾外，如攝影者使用閃光燈拍攝育雛行為、為畫面美觀修剪巢邊枝條，而暴露出巢的位置、太過接近巢或離巢幼鳥，延誤親鳥的餵食等，或者民眾搖動巢樹去驚嚇臺灣藍鵲、向臺灣藍鵲或巢丟石頭等行為皆是一種傷害。另外，最令人感到遺憾的是，即使是在國家公園內，生態保育觀念已推動多年的現在，這幾年都還是可以看到偷取雛鳥或剛離巢幼鳥的行為發生。

↑ 臺灣藍鵲為保護落地的離巢幼鳥，先俯衝攻擊太靠近幼鳥的拍照民眾。

↑ 接著馬上踩踏附近的石頭。

← 迴轉再攻擊一次，短短幾秒即攻擊了兩次。若威脅者不走，還會繼續攻擊。

臺灣藍鵲的交配行為

↑交配前，雌成鳥（右邊）將頭低下　　↑雄成鳥（左邊）靠近。

■ 繁殖

配對關係

　　臺灣藍鵲的配偶關係為長年維持與固定，繁殖季前配偶間不需求偶，所以不常觀察到求偶行為。不過筆者曾觀察過一次情形：雄成鳥會以拉長脖子、挺起胸膛的姿勢靠近雌成鳥，並以雌成鳥為中心繞著牠走，且一直維持著抬頭挺胸的姿勢，直到雌成鳥接受求偶，願意把身體伏低，然後雄成鳥跳至其背上進行交配，整個交配過程約有30秒，而兩者泄殖腔接觸的時間更只有短短的2～3秒；或著是雌成鳥拒絕雄成鳥的求偶而飛走。在繁殖季前，較容易觀察到交配行為，這個階段雄成鳥常會帶食物給配偶，一則是建立良好關係，而交配行為則常發生在雄成鳥餵給配偶食物之後，二則雌成鳥接受更多的食物，才有充分的營養與體力來產生健康的子代。

臺灣藍鵲對巢位的選擇

　　臺灣藍鵲選用的巢樹通常是各區中最優勢的樹種，如針葉林中，多以柳杉為巢樹；闊葉林中，多以紅楠為巢樹，但其他如

↑ 雄成鳥左腳踩上雌鳥的背。

↑ 兩者的泄殖腔接觸。

↑ 兩者的泄殖腔分開。

茄苳、榕樹、楓香、山黃麻，甚至是葉子稀疏的相思樹，偶爾也會利用。測量結果發現，巢高可從3.6～13.2公尺，巢樹高可從5～18.7公尺，巢樹胸高直徑可從9～118.5公分，由這幾項數值可知，臺灣藍鵲能利用來當巢位的特徵範圍很廣。臺灣藍鵲巢多位於7／10樹高的位置，若巢樹爲針葉樹，則巢築於主幹旁，此類型的巢因支撐枝幹少，較怕強風暴雨侵襲而損壞，但由於主幹筆直，陸地上的天敵較難接近巢。若巢樹爲闊葉樹，則巢距主幹爲0.5～9.3公尺之間，並且是在接近樹冠層的位置，不過築在枝條末端的巢亦怕強風暴雨侵襲而損壞。

由巢在巢樹的相對位置，以及所利用的樹種，顯示臺灣藍鵲對巢位的選擇似乎有很大的彈性。我們也發現，臺灣藍鵲會在公園、露營場或苗圃等半開發的區域築巢，甚至可繁殖數年，顯示其並不畏懼經常有人活動的區域。另

外,也發現有些巢築在馬路上方的橫枝上,若非氣候惡劣,強風暴雨將巢吹覆,多數可以繁殖成功,推測其原因應為此位置人車來往頻繁,獵人與掠食者均不敢靠近之故。

↑ 巢樹為柳杉(針葉樹),巢築在主幹旁,此類型的巢因支撐枝幹少,較怕強風暴雨侵襲而損壞,但由於主幹筆直,陸地上的天敵較難接近鳥巢。

➡ 巢樹為楓香(闊葉樹),巢距主幹為0.5～9.3公尺之間,即是接近樹冠層的位置。築在枝條末端的巢亦怕強風暴雨侵襲而損壞。

築巢與對巢位的執著性

臺灣藍鵲於3月中旬開始築巢,大約只需一至兩週時間就可以築好一個外徑約29公分,高度約11公分的盤狀巢。巢的外層由家族成員在巢區附近折下的枯枝構成,此是作為巢的支撐;內層則是拔取較細的植物鬚根或蔓藤來作為巢內襯。每次的繁殖均是重新築個新巢使用,因舊巢材會隨風吹雨打而腐壞,或著雛鳥待過後,容易滋長寄生蟲或沾有排泄物,因此花些時間,築個新巢是較好的方式。

臺灣藍鵲幾乎每年會在相同的區域內築巢,甚至是在同一棵樹的同個位置,除非占有的領域品質不夠好或不穩定,才會因繁殖失敗而換到其他地區繁殖。有時,前一窩的雛鳥才被偷,或因惡劣氣候造成繁殖失敗,不久之後,繁殖者又在附近築起第二個巢。兩個巢相鄰的平均距離為 20.7公尺;而同個繁殖季繁殖兩次的巢,其平均距離為 66.1公尺。

❙ 臺灣藍鵲鳥巢的結構分成兩層,樹枝在外,作為支撐;植物鬚根或蔓藤在內,作為襯裡。

❙ 臺灣藍鵲家族於3月中旬開始築巢,只需一至兩週時間就可以築好一個外徑約29公分,高度約11公分的盤狀巢。

孵蛋

繁殖期是從3月下旬開始（產下第一顆卵的日期），7月下旬結束（最後一隻雛鳥離巢的日期）。築巢後期及產卵階段，雄繁殖者會緊密地守護配偶，並且驅離靠近雌繁殖者的雄成員。

通常在4月上旬產下第一顆卵，產卵過程是以每天產一顆卵的方式完成。窩卵數通常為6～7顆，最多一窩可達8顆。蛋的外表為淺綠色的底色，表面分布深褐色的斑點，鈍端的深褐色斑點較為密集，其長乘寬約為33公釐×25公釐，平均重量為11公克。雌繁殖者生第一顆卵後即會進巢孵卵，但孵化的時間並不長。只有雌繁殖者會孵蛋，幫手與雄繁殖者則會帶食物回巢區給雌繁殖者，雌繁殖者會將吃剩的食物貯藏起來，以讓其他成員回來時，作為不時之需。通常一窩雛鳥會

↑ 蛋為淺綠色的底色，表面分布深褐色斑點，鈍端的深褐色斑點較為密集，其長乘寬約為33公釐×25公釐，平均重量為11公克。

↑ 孵蛋的雌成鳥隨時保持警戒狀態，注意鳥巢四周動靜，有時會把身體伏低只露出尾羽；偶爾會利用人工材料，如電線作為巢材。

在兩天時間內陸續孵化。雛鳥孵出後，雌繁殖者會將蛋殼吃掉或叼出巢外丟棄。卵的孵化期是17～19天，平均孵化率為78.3%。

育雛

剛孵出之雛鳥全身無羽，眼未開。此階段，雌繁殖者為幫雛鳥保暖，仍會花相當多的時間在巢內孵雛，約占筆者觀察時間的81%，此比例相似於孵卵後期的在巢時間。雄繁殖者及幫手會至巢邊餵食雌繁殖者或雛鳥，通常雌繁殖者被餵食之後，再由牠轉餵雛鳥。約在第8天，雛鳥眼睛張開，由於體內溫度調節系統的發育，雌繁殖者孵雛時間明顯減少，但仍有52%的時間會在巢內孵雛。在雛鳥兩週大的時候，雌繁殖者的大部分時間是在鳥巢附近覓食及警戒，並隨時注意鳥巢附近狀況。此時雄繁殖者及幫手給雌繁殖者食物的次數則明顯減

少，而是自己直接至巢邊去餵食雛鳥，雌繁殖者餵食雛鳥的次數也明顯增加。家族成員至巢邊除餵食的貢獻外，也會將雛鳥正在排出的糞囊叼出丟棄，以避免雛鳥排泄物弄髒巢內；且會巡視巢周遭是否有不乾淨處，發現後即會幫忙處理。平均每窩有4.8隻的雛鳥，此階段，雄繁殖者與幫手帶食物回巢的頻率明顯增加，每隻雛鳥被餵食的頻率為1.6次／小時。

離巢前幾天，雛鳥會站在巢邊觀望，並時常練習拍翅，作嘗試性的短距離離巢，接著又跳回巢。有趣的是，此時雌繁殖者偶爾還是會回巢和雛鳥擠在一起，事實上，此時已不需雌繁殖者提供保暖，筆者推測也許是加強彼此關係的親近。整窩雛鳥在2～3天內逐漸離巢，之後就不會再回巢。雛鳥從孵化至離巢需21～324天。整體而言，卵成功率（卵成功孵化且長成離巢幼鳥）

↑ 雌繁殖者在育雛期的多數時間仍待在巢區保護雛鳥，而由雄繁殖者及幫手負責供應食物給雌繁殖者或雛鳥。有時是家族成員餵食雌繁殖者之後，再由牠轉餵雛鳥。

↑ 家族成員至巢邊餵完雛鳥後，會等雛鳥排糞囊，然後小心翼翼地將糞囊（箭頭）叼出去丟，以避免雛鳥排泄物弄髒巢內。

↑ 即使雛鳥快離巢了，雌繁殖者偶爾還是會回巢，而和雛鳥擠在一起。事實上，此時已不需雌繁殖者提供保暖，筆者推測也許是加強彼此關係的親近。

為56%。每巢離巢幼鳥數通常為4～35隻。巢成功率（只要有一隻雛鳥成功離巢即可稱成功）為84%。

第二次生殖

　　第一窩繁殖成功後，有29%的家族會進行第二次生殖，此時約是6月上旬，第一窩幼鳥交由幫手負責照顧與教導，而繁殖者可以專心的把時間投注在找巢位及築巢上。繁殖者可在第一窩雛鳥離巢後約19天的時候，就挑好位置、築好一個新巢，且開始產卵。兩窩之間，第二窩的窩卵數會較少（平均6個），且離巢幼鳥數明顯較少（平均2.9隻）；另觀察中發現，成鳥對入侵者的驅離反應較為和緩，或許是因第二次生殖算是額外的，能夠成功多少就算多少，也可能繁殖者已經很累了。才兩個月大的第一窩幼鳥有時會去餵食第二窩雛鳥，且叼走糞囊，但次數很少。如前文介紹過的，有些家族的第一窩幼鳥有時會去欺負第二窩的雛鳥，可能是每個家族的習性或成員結構組成有所差異吧！

繁殖失敗或個體死亡原因

　　通常臺灣藍鵲巢失敗的主要原因是盜獵（42.9%）、天敵捕食（32.1%）與氣候惡劣（25%）等因素影響。即使是在國家公園範圍內，盜獵行為仍時常發生，且成為臺灣藍鵲巢失敗的主因，而盜獵比例會如此高的部分原因，是因有些臺灣藍鵲巢築的位置不高，徒手就可以爬到巢邊，因此容易被竊。至於氣候惡劣，則是指強風豪雨將會造成鳥巢翻覆，致使卵全部破裂或雛鳥墜落死亡。另外，惡劣的氣候也會影響成鳥獵捕食物以及餵食，雖不致於因此造成整巢的失敗，但也會因食物不足而造成部分雛鳥饑餓死亡。

　　成、幼鳥死亡的原因則有中毒（如農藥與硫磺氣，26.7%）、遭受車輛撞擊（20%）、淹死（13.3%）、天敵捕食（13.3%）、觸電（6.7%）與不明原因（20%）。農藥中毒有可能造成數隻臺灣藍鵲死亡，而亞成鳥因生活經驗不足，容易發生意外死亡，如車輛撞擊、淹死、被捕食等情形發生。

↑亞成鳥因生活經驗不足、反應能力稍差，易在道路撿食食物時，被在山路上急駛的車輛撞擊死亡。（呂理昌／攝）

▋合作生殖策略

國外有些與合作生殖相關的研究顯示，個體藉幫助行為而使自己近親的子代增加，或使自己近親繁殖時較為輕鬆，而提高存活率與未來的繁殖成功率，讓彼此的共通基因流傳下去，此稱為幫手的間接利益。例如，白額蜂虎（Merops bullockoides）以及加拉巴哥嘲鶇（Nesomimus parvulus）的相關研究均顯示，幫手較願意幫忙近親（Curry 1988，Emlen and Wrege 1988）。

▌第一窩幼鳥（後者）進第二巢探查，前者為正在孵雛的雌繁殖者。第一窩幼鳥有時會餵食第二窩的雛鳥，且叼走糞囊。

雖目前我們仍不清楚幫手對繁殖者存活率以及繁殖者繁殖成功率正面影響的程度，但臺灣藍鵲也有相似行為，因為幫手幾乎都是繁殖者的兒子與近親。

另外，幫手幫忙未來可能可獲得直接利益，如增加自己的繁殖成功率。就像塞席爾葦鶯（Acrocephalus sechellensis）幫手開始繁殖時比那些沒幫忙個體，有較高的繁殖成功率，因後者未把巢放在穩定樹叉，且孵的時間較短（Komdeur 1996）。所以，我們認為臺灣藍鵲幫手經由幫忙繁殖者繁殖而可獲得的最大利益應屬這個部分，除幫忙過程可獲得豐富的協助繁殖經驗，且可能繼承一個高品質的領域或雌繁殖者，以及幫手群，或即使是擴散出去，幫手也可能一起出走，對自己未來的繁殖有很大幫助。因此，臺灣藍鵲似乎不似其他多數的合作生殖鳥種，是因受到棲地有限的因素影響，例如適合繁殖的領域不夠、繁殖時需要的特殊

資源不夠（樹洞或食物），因而被迫自己留在出生領域幫助近親進行繁殖。

　　國外在鳥類合作生殖方面之相關研究至少持續四十年以上，已累積相當豐碩成果，並提出重要理論；而臺灣所紀錄的五百多種鳥類之中，目前明確知道採用合作生殖的鳥種有臺灣藍鵲、紅冠水雞、冠羽畫眉、栗喉蜂虎與斑翡翠。前三種鳥分布於臺灣，而後兩種鳥則需於繁殖季時前往金門觀察；對冠羽畫眉、栗喉蜂虎合作生殖行為有興趣的讀者可參閱臺大森林環境暨資源學系袁孝維老師研究團隊之系列論文，如劉1998；袁等2003。

↑ 栗喉蜂虎為金門的夏候鳥，利用土堆鑽洞繁殖。據袁老師研究結果得知有10.5%的繁殖者有幫手幫忙，幫手數目約1～3個。

↑ 紅冠水雞為臺灣常見的留鳥，常出現於水池或水田周遭之生態環境，其前一窩的幼鳥（左上）會照顧次一窩出生的弟妹（右下）。

▌臺灣藍鵲幫手的特質

幫手的性別與來源

　　87%的臺灣藍鵲幫手是雄性，因為雌的家族成員在出生後一至兩年就擴散出去，以尋求加入其他臺灣藍鵲家族機會，如此也可避免與出生地或周邊的近親交配。根據多年來的觀察結果發現，幫手都是繁殖者的近親或兒子。若繁殖者是因為繼承父親的領域而得以繁殖，則開始繁殖之際，幫手多數是弟弟；自己繁殖數年後，幫手多數是兒子。若繁殖者是因為繼承兄長的領域而得以繁殖，則開始繁殖之際，幫手多數是姪子；繁殖數年後，幫手多數才會是兒子。若繁殖者當初是以幫手身分擴散出去，以建立自己領域方式開始繁殖的話，則擁有的幫手會是自己與配偶努力奮鬥數年後所產生的子代。未來若有機會，還是需要以分生技術來確認繁殖者與幫手之間的血緣關係，以彌補觀察之不足。

↑家族成員間通常是近親關係，平日即保持良好互動。或者，遷進來的母鳥也會刻意接近群內公鳥，期待未來與配偶接收此領域或擴散出去，以建立自己領域。

幫手擴散出去的距離

　　雄子代擴散出去後的領域與其出生領域的平均距離為525公尺；若是雌性，則與其出生領域的平均距離為2265公尺。最遠擴散4720公尺的例子，是隻雌子代從陽管處附近擴散至新北投，且加入當地的家族（由曹美華先生回報色環訊息而得知此個體的擴散位置）。雄子代日後繼承領域進行繁殖時，與其出生領域的平

均距離為240公尺；若是擴散至鄰近領域繁殖，則與其出生領域的平均距離為465公尺；雌子代擴散出去後的繁殖領域與其出生領域的距離為835公尺。即雌子代擴散出去的距離明顯比雄子代遠，雖然樣本數不多，不過，此結果與多數合作生殖物種研究之結果相同。

↑雖然臺灣藍鵲的圓形翅膀意味牠們較少長程飛行，但雌性子代最遠的擴散距離可以從陽明山飛至新北投，超過4.7公里的距離。

幫手開始繁殖的年齡

　　雄子代繼承領域，進行繁殖的年齡為4～5歲；若是擴散至鄰近領域繁殖，則其年齡為1～5歲；1歲的例子是有兩個1歲的個體在繁殖期初期當過幫手後，在出生領域內的某個區域與一雌鳥共同築巢嘗試繁殖，但並無產卵，即此繁殖是失敗的。雌子代擴散出去後的繁殖年齡為1～3歲，我們發現1歲雌鳥有獲得繁殖的機會，且有繁殖成功的事例。所以，較多的雌子代比雄子代較早獲得繁殖機會，且繁殖成功。

幫手的貢獻

　　所有幫手合起來的築巢貢獻，是平均每小時叼回4.4次的巢材，亦會進巢排整巢材。在此階段，一個幫手的貢獻並不顯著，且未全員參與。雄幫手在孵卵期提供食物給負責孵蛋的雌繁殖者的頻率為平均每小時0.2次，雌幫手為每小時0.1次。並非所有成員（尤其是一齡鳥）均會提供食物給雌繁殖者。在此階段，幫手尚未全心投入餵食的協助。每個雄幫手在育雛期提供食物給負責護雛的雌繁殖者與雛鳥的頻率為平均每小時1.3次，每個雌幫手為每小時1.0次。顯示幫手的餵食貢獻明顯比孵卵期高，且所有幫手均會參與，雖雄幫手個體的餵食貢獻低於雄繁殖者，但因群內通常會有3～4隻幫手，所

以其整體餵食貢獻明顯高於雄繁殖者。而在驅離入侵者或天敵方面，雌繁殖者在巢區內單獨驅離牠們的比例最高（37.5%），雄繁殖者與資深幫手（兩歲以上）的貢獻相似，一齡幫手單獨驅離的次數最少（9.4%），且只有半數不到的一齡幫手表現過此行為。而集體的驅離行為，幾乎是全員參與，只是個體間攻擊程度上有所差異，乃以雄繁殖者攻擊的最為激烈，其次是雌繁殖者或資深幫手。

　　整體而言，幫手對繁殖者的貢獻項目包括：幫忙築巢、提供食物給雌繁殖者、雛鳥與離巢幼鳥、叼走雛鳥的糞囊、協助驅離入侵者與天敵，以及教導幼鳥認識天敵、食物與生活環境。幫手貢獻的程度及項目會因性別、年齡、繁殖階段而有所差異。幫手的個體貢獻雖低於雄繁殖者，但由於群內通常有數個幫手，所以仍可明顯減輕繁殖者的餵食負擔，且對其繁殖成功率有很大貢獻，尤其是當惡劣天氣，食物不易尋找期間，幫手的幫忙餵食將可避免雛鳥因饑餓而死亡。

↑臺灣藍鵲的親鳥非常勇猛，尤其是在育雛後期，若不把入侵者或天敵趕出巢區是不會罷休，即使不具威脅性的鄰居，如五色鳥（上圖）、紅嘴黑鵯、白頭翁等，也都會遭到驅離。

Formosan Blue Magpie

07

07 與人類的互動關係

陽明山的臺灣藍鵲家族有時會築巢在住家附近、公園內或露營場之內，有時也會將巢築在人車來往頻繁的馬路上方的橫枝上，也許是因為天敵較無法靠近這些民眾經常出現的地點，不過這也表示臺灣藍鵲不是那麼怕人，且願意接近人類而居。

較早的年代，山區民眾對臺灣藍鵲很熟悉，因為耕種時臺灣藍鵲會在附近活動覓食。那時候，有個傳說：「當臺灣藍鵲群往山下飛的時候，表示山上氣候將要變差；而當臺灣藍鵲群往山上飛的日子，就表示山上氣候即將轉好。」雖然民間諺語僅供參考，不過這也表示當時的臺灣藍鵲已融入山區居民的生活之中。

過去在露營場內觀察臺灣藍鵲繁殖行為時，常聽到有人被臺灣藍鵲「踩了」一腳的情形發生。由於這個區域有人員進出管制而不易受到干擾，且還有各式各樣動植物可供食用，所以臺灣藍鵲幾乎每年都選擇到這裡築巢繁殖。對露營場的工作人員來講，每年期待臺灣藍鵲這些老朋友回來似乎也已成年度盛事，而4月至7月之間的臺灣藍鵲繁殖，也為整個露營場增添許多有趣話題。

來到陽明山的前山公園，由於這裡時興泡茶、租躺椅休息，結合附近攤販街，所以人聲鼎沸，遊客來來去去，尤其假日，到處都是人，但是有個SA臺灣藍鵲家族，就偏偏選擇在這個區域內築巢繁殖，且已經持續好多年，顯然牠們已習慣了這種熱鬧。

雖然很多人不贊成餵食野生動物，但若依宣傳與教育角度，此臺灣藍鵲家族已成臺灣藍鵲的最佳代言人，因為牠們的存在，很多人認識了臺灣藍鵲，且因近距離的互動，而感受到人鳥共同平和相處的感動。

餵食野生動物的控制在於不能給予不自然的食物，不能讓牠們太過依賴人類餵食，例如，這個臺灣藍鵲家族只有繁殖期才會長時間待在這個區域，進而去食用人們所提供的木瓜或其他水果，但牠們依然會獵抓五色鳥、樹鵲幼鳥、攀蜥、毛蟲與蛙類等天然食物來餵食雛鳥。因此，筆者認為目前這種對少數臺灣藍鵲族群低程度餵食的「不自然」狀況，或許有機會讓民眾學習到自然教育的相關訊息，並認知生態保育的重要，進而願意進一步地參與生態保育行動。只可惜，目前沒有任何單位可提供適當的環境教育解說員，並適時地向民眾解說正確的生態保育或生物學上的知識與觀念，反而，讓很多錯誤知識與觀念被以訛傳訛。

↑ 臺灣藍鵲將巢築在人車來往頻繁的馬路上方的橫枝上，也許是因為天敵較無法靠近這些常有民眾出現的地點。

國鳥選拔活動

　　臺灣藍鵲的造型討喜，因此在參與國鳥選拔比賽的一百萬張選票中，牠就吸引了52萬票（其次是黑長尾雉的28萬票），而奪得票選國鳥后冠。接下來，就等立法院諸公們做最後的審議表決了。

　　臺灣藍鵲目前也是臺北市的市鳥，臺北市政府就曾製作過臺灣藍鵲布偶，以及卡通版臺灣藍鵲宣傳短片，強調「愛自己，也愛臺北」。另外，臺灣藍鵲也是桃園縣、臺中縣以及雲林縣的縣鳥，甚至國民黨馬英九先生競選團隊也以展翅的臺灣藍鵲作為其競選標誌，並以「臺灣向前行，臺灣一定贏」為口號，由此可知大家對臺灣藍鵲的喜好，以及臺灣藍鵲所涵蓋的多重象徵意義。

　　有人說臺灣藍鵲因快變成國鳥，導致其聲名大噪，而面臨更大的獵捕壓力。不過筆者倒持樂觀看法，因為抓臺灣藍鵲飼養是一直存在的事

↑人來人往、人聲鼎沸的前山公園。SA家族多年來卻偏偏選擇在這個區域內築巢繁殖。

↑SA家族成員已習慣民眾、水果攤老闆，或拍照者提供的各種食物。

實，即使是國家公園內也無法遏阻這樣的行為發生，但當越來越多人認識臺灣藍鵲、喜歡臺灣藍鵲，自然保護牠們的人就更多了。如此，抓的人、養的人就必須更加鬼祟，且面臨被人發現而檢舉的風險就更大，這對臺灣整個生態環境的維護將是利多而永續的。

↑ 至池邊喝水或洗澡的SA家族成員，早已習慣附近有民眾的存在。因此，在此可以近距離觀察到一些臺灣藍鵲的自然行為。

↑ 國民黨馬英九先生當時的競選團隊以展翅的臺灣藍鵲作為其競選標誌，並以「臺灣向前行，臺灣一定贏」為口號，由此可知臺灣藍鵲所涵蓋的多重象徵意義。

↑ 數年前，臺北市政府製作了可愛的臺灣藍鵲布偶及出版了卡通版臺灣藍鵲宣傳短片，藉由市鳥——臺灣藍鵲宣傳「愛自己，也愛臺北」理念。

Formosan Blue Magpie

08

目前面臨的危機

臺灣藍鵲因羽色鮮明、形態飄逸，因此養鳥市場一直有其銷售管道，造成捕捉臺灣藍鵲行為長年存在。

長久以來，筆者在陽明山國家公園所觀察的臺灣藍鵲家族中，幾乎每年總有一、兩個巢的雛鳥整窩被人偷走。此外，臺北市野鳥學會也曾接到兩窩從臺北縣雙溪警察局查獲盜獵而轉過來照顧的臺灣藍鵲雛幼、鳥。對於這種情形的發生，雖違者將處以六個月以上、五年以下有期徒刑，得併科新臺幣二十萬元以上、一百萬元以下罰金的重罰，但仍無法遏止這類事件發生，依然還是有幾則牠們繁殖時棲地受破壞，或受拍照者干擾之新聞。雖然，歷年來的這些個案不致大幅影響臺灣藍鵲的族群量，但卻表示臺灣的保育工作仍有待加強。

另外，根據臺北市野鳥學會救傷組與特有生物研究保育中心野生動物急救站所提供救傷臺灣藍鵲的資料顯示，造成臺灣藍鵲需要救傷的原因包括：人類飼養一陣子之後，發現其狀況不佳才轉送至救傷組（中心）處理、體弱或生病而被人拾獲、雛鳥落巢、官方查緝盜獵所獲、遭遇陷阱而受傷（如獸夾、鳥網）、意外受傷（如車撞擊、撞玻璃）等。所幸有特有生物研究中心野生動物急救站成員及一群訓練有素、經驗豐富的臺北鳥會救傷義工，接手照顧這些因種種原因造成不幸落難的臺灣藍鵲。這些臺灣藍鵲經過獸醫的診治後，再由救傷義工們接手後續的觀察照顧，待其身體狀況穩定或復原後，再移至由臺北縣政府創建，位於臺北石碇鄉小格頭苗圃的「臺北縣野鳥中途之家」，或送到位於臺北士林芝山文化生態園區內之「和泰芝山岩野鳥護育中心」（簡稱得得之家）先行收容。未來，將依牠們身體發育狀況或復原情形，尋求適當時機以及適合地點，經審慎評估後進行野放。若是不能野放個體，則視其狀況進行長期收容，或作為環境教育之解說教材。

然而，在臺灣目前缺乏一套完整野放野生動物的措施及空間之下，即使這些臺灣藍鵲順利長

成，但若在無成鳥教導帶領下逕行野放，那麼牠們是否能夠在野外存活下去，是值得大家好好思考的一個問題。另外，野放地點的選擇也是重大議題，一旦野放成功，是否經過審慎評估臺灣藍鵲對此區域的生態影響？所以負責管理野生動物的主管機關──行政院農業委員會須付諸更多的關注，及有更長遠的規劃管理方針與實踐力，來執行相關保育工作，不然單單依靠民間社團的奮鬥努力是非常辛苦且成效有限。

⬆「得得之家」所收容的幾隻臺灣藍鵲中，有左眼瞎掉、右腳斷掉（箭頭），或查緝盜獵而沒入的雛、幼鳥。

⬆位於臺北士林芝山文化生態園區內之「和泰芝山岩野鳥護育中心」，（簡稱得得之家）也有收容幾隻落難的臺灣藍鵲。

⬆將各種原因造成不幸的落難臺灣藍鵲移至位於臺北石碇鄉小格頭苗圃的「臺北縣野鳥中途之家」作短期收容。

⬆「臺北縣野鳥中途之家」的籠舍裝有活動窗口，並會擺放食物，可讓一時無法適應野外生活的臺灣藍鵲，隨時回來避難或覓食，並可隨時再次外出探險。

↑六年前，外來種紅嘴藍鵲（又稱中國藍鵲）出現於武陵農場，可能是因為有人放生。此後，一直棲息於這裡，且順利繁衍。（姚正得／攝）

　　六年前，外來種紅嘴藍鵲（又稱中國藍鵲）出現於武陵農場，推測可能是因為有人放生。此後，其即一直棲息於這裡，且順利繁衍。近年，生態保育主管機關農委會擔心棲息於武陵農場的紅嘴藍鵲族群穩定繁衍，適應野外生活後，若族群持續擴大，將會激烈影響當地生態，甚至與特有種臺灣藍鵲雜交，而破壞臺灣藍鵲基因的獨特性。所以，從2007年3月開始，由農委會特有生物研究保育中心與林務局東勢林區管理處合作，共同執行「武陵地區外來鳥類紅嘴（中國）藍鵲之移除及圈養收容」計畫。

　　兩種藍鵲均有紅色的喙，而紅嘴藍鵲的體型比臺灣藍鵲稍小，外型也略有不同。紅嘴藍鵲是黑色頭部，但頭頂白色向後延伸至頸部，白色腹部，虹膜紅色；臺灣藍鵲則是頭部全黑，藍色的腹部，虹膜黃色。另外，牠們的叫聲亦有些差異。根據這些差異，筆者推測兩種藍鵲雜交的機率應該很小。不過，由於藍鵲

屬於掠食性且領域性強的鳥類，即使兩種藍鵲不會雜交，也會在食物及空間資源上激烈競爭，因而影響臺灣藍鵲的生存。另外，紅嘴藍鵲也會捕食其他生物及利用所有資源，因此，對當地的生態環境有很重大的影響。

不料大家所擔心的問題真的發生了，2007年7月上旬，臺中縣政府農業局接獲民眾通報，指臺中大甲鎮郊區有一鳥巢，疑似1隻紅嘴藍鵲成鳥正在餵雛，農業局立刻轉報特有生物研究中心前往處理。經過特有生物中心人員觀察，兩隻親鳥分別為紅嘴藍鵲與臺灣藍鵲，且巢內已有3隻雛鳥。幾天後，他們順利捕獲這5隻個體，一併帶回特有生物中心做物種鑑定，以確定這3隻雛鳥是否為兩種藍鵲的雜交子代。直到8月下旬，幼鳥羽色的呈現是介於兩種藍鵲外型的中間型，因此，證實了這一窩藍鵲幼鳥是臺灣第一例的雜交藍鵲，也證實大家的憂慮發生了。

↑ 由於這些雛鳥的親鳥一為臺灣藍鵲、一為紅嘴藍鵲，且長大後的羽色介於兩種藍鵲外型的中間型，而證實這一窩藍鵲雛鳥是臺灣第一例的雜交藍鵲，也證實了大家的憂慮是對的。（姚正得／攝）

家八哥。外來種的家八哥與白尾八哥的族群量越來越壯大，不僅與本土八哥競爭食物與空間，而且強烈壓縮本土八哥的生存機會，似乎造成其族群量有越來越少的趨勢。

臺灣畫眉。外來種的大陸畫眉會與本土的臺灣畫眉雜交，而稀釋掉臺灣畫眉的基因獨特性，且雜交畫眉被發現的頻率已越來越高。

回過頭來看移除武陵地區紅嘴藍鵲計畫的進展，特生中心姚正得研究員指導的團隊，在9個月期間定期上山觀察，以及執行數次移除行動的努力下，除了最後1隻成鳥可能已被天敵捕食（現場遺留數根羽毛以及尾羽）之外，其他家族成員均被捕獲，包括4隻成鳥、4隻雛鳥以及6顆蛋。因此，此計畫執行算是順利完成，目前這些家族成員均被妥善安置在特生中心，未來將送往適當的研究或教育機構（如動物園或鳥園），以作為生態教育之用。

原本以為「移除武陵地區紅嘴藍鵲計畫」於去年順利落幕，但是，根據今年的報紙報導指出，又有人在武陵農場看到數隻紅嘴藍鵲出現。有這樣的訊息出現，筆者推測，可能是之前的紅嘴藍鵲家族擴散到附近山區，當武陵這個家族被移除而使領域空出來後，隔壁群的紅嘴藍鵲即遷進來或擴大其領域。畢竟，紅嘴藍鵲在武陵出現這麼多年，究竟繁衍出多少子代？子代擴散到哪

裡去？我想是沒有人可以說明白的。

一個簡單的放生動作，結果不但對當地生態環境造成嚴重衝擊，且在執行移除過程中，所耗費的人力與經費也是超過我們所想像。此次的移除計畫，算是個好的開始，至少順利移除了整個家族，暫時遏止族群繼續繁衍以及向外擴散，並建立移除外來種鳥類的操作技術及程序，相關出版品的製作與發送也助於讓民眾更加了解「放生」的負面影響及外來種生物對臺灣生態的重大影響。

依據中華鳥會鳥類資料庫的資料顯示，曾經出現過紅嘴藍鵲的地點比印象中多出許多，所以仍須持續注意這些曾出現過紅嘴藍鵲的地點概況，甚至其鄰近地區也要多加注意。而且，還有其他很多外來種鳥類對臺灣生態環境的影響層面早已遠超過紅嘴藍鵲，所以，臺灣的生態保育工作在未來還有一段遙遠而艱辛的路要走。

筆者藉由此書，針對臺灣藍鵲相關訊息介紹，乃期許大家能從喜歡臺灣藍鵲、了解臺灣藍鵲開始，觀察臺灣藍鵲棲息的環境以及與牠們相依存的生物，進而擴大去關心更多的其他物種及其在生態環境中所扮演角色與其重要性。相對的，在各位繁忙的工作步調下，更需要去認識及知道如何保護自己周遭的生活環境，如果自己都不在乎，那麼別人更不會在意，甚至處心積慮的想要破壞這些環境以謀取私利，因此保護自己及所有生物的生存環境是需要大家共同參與與努力的。

↑ 東勢林管處與特有生物研究保育中心執行移除計畫後的出版品，包括研究報告、海報、DVD與折頁，藉由這些出版品使民眾了解外來種的影響及民眾該如何協助移除外來種。

Formosan Blue Magpie

09

09 臺灣藍鵲重要記事

根據1986、1987年，中央研究院動物所劉小如老師提出的論文指出，1982、1983年期間，她的研究團隊在臺北、苗栗、臺中與屏東所觀察的臺灣藍鵲族群，遭受嚴重盜獵與人為干擾，不僅雛鳥被抓，有時連成鳥都受害，使得當時臺灣藍鵲的繁殖成功率非常低，只有13.8%。劉老師的論文除介紹臺灣藍鵲成群活動、巢位選擇、生殖習性、雛鳥生長，以及食性等主題外，更指出當時臺灣盜獵行為的猖獗，另外，也推論臺灣藍鵲應是採用一種合作生殖模式，稱為「巢邊幫手制」的方式繁殖。

1989年，行政院農委會公告「野生動物保育法」的實施，且依據「野生動物保育法」，而於1989年8月、1990年8月及1992年7月核定公告了1000多種國內外保育類野生動物，其中國內部分的鳥類高達80種，而臺灣藍鵲被列為第二級（珍貴稀有）保育類動物。

1991年，臺灣省林業試驗所製作了臺灣第一部詳細介紹臺灣藍鵲生態的紀實片「藍鵲飛過」，此片由楊政川先生監製，劉燕明先生導演、拍攝，除獲得金馬獎最佳紀實報導片入圍，同時亦獲得美國蒙他拿州世界野生動物影展的榮譽獎及最佳藝術概念等榮譽。片中也提到臺灣藍鵲族群曾因過度獵捕，而在扇平消失5年，直到拍攝前一、兩年，臺灣藍鵲群才又出現。

1995年8月，自由時報報導：「多年來，臺灣藍鵲誤觸高壓電而大量死亡，臺電承諾年底前完成電線被覆」。就筆者所知，臺北陽明山、雙溪，以及雲林均發生過臺灣藍鵲被電死的事件。近年來，臺電確實有在這方面作出努力，因已較少聽到臺灣藍鵲發生類似意外。

　　1995年10月，臺北市政府提出說明：「臺灣藍鵲除了是臺灣特有鳥種外，其特有的群居（團結）及護巢（愛家、戀家）習性，正足可為本市的象徵」。故於1995年雙十國慶花車遊行時，市政府考量生態保育、代表性及外型美觀等因素，指定以臺灣藍鵲為「臺北市市鳥」。

　　筆者從1997年開始在陽明山國家公園內研究臺灣藍鵲之行為生態，除證實臺灣藍鵲的繁殖方式確實是「巢邊幫手制」外，還知道這些幫手是繁殖者的子代或近親，且幾乎都是雄性，這些幫手以後可繼承這個領域，或有了幫忙繁殖的豐富經驗後，會擴散至附近區域以建立自己的領域，開始自己的繁殖。

　　感謝2001年時，曹美華先生的回報，而讓我們知道陽明山的臺灣藍鵲會擴散至北投，此例的擴散距離為4.7公里。另外，2002年，張瑞麟先生在平等里附近發現臺灣藍鵲屍體，這也是從陽管處附近的家族成員擴散過去的，而此例的擴散距離為2.6公里，這些都是非常珍貴的紀錄。因此，由以上資料顯示，陽明山穩定成長的族群會擴散至臺北盆地附近區域。

　　2000年5月，由國家公園等政府機關與民間企業等共20幾個單位，合辦票選「臺灣最具代表性本土野生動物」，在全國民眾票選下，臺灣黑熊以「守護臺灣山林的巨無霸」之名，獨得16餘萬張選票，榮登最具代表性的群獸之王，而臺灣藍鵲也獲得多數人的喜愛，位居第5高票。

　　2004年5月，長期裝置監視錄影器材紀錄奧萬大國家森林遊樂區內鳥類繁殖行為的南投林區管理處發現，臺灣藍鵲會同類相殘，啄死巢內的雛鳥，並叼出巢外。這是個史無前例的發現，過去劉老師曾提過成鳥會啄食死掉的雛鳥，而筆者近年的觀察是，成鳥並沒有食用死在巢內的雛鳥，而是叼出去丟棄。由於不知此例的時間性、家族成員組成以及與鄰近家族的互動情形，所以，筆者不能驟下發生原因。也許正如媒體報導的「可能是其他家族的成鳥，因天雨難以覓食而趁親鳥離巢時行兇」，但應不是如此單純，因外群成員難進此家族的核心區域，且親鳥通常會守在巢區，所以可能性不大，不過這確實是非常難得的畫面。

　　2006年12月，臺中縣武陵農場五年前首度發現外來種紅嘴藍鵲（大陸藍鵲）棲息，這群不速之客的活動範圍不斷延伸，並成功繁衍下一代。今年，東勢林管處及雪霸國家公園管理處擔心這群紅嘴藍鵲擴散至鄰近區域，對臺灣特有種的臺灣藍鵲造成生存威脅，甚至出現雜交現象，而污染臺灣藍鵲的純正基因。因此，2007年將著手調查並研究如何移除紅嘴藍鵲，以保護本土鳥種的血統純正。

　　2007年6月，由臺灣永續生態協會、臺灣國際觀鳥協會，以及田秋堇、陳憲中及楊宗哲等立委合辦的「臺灣國鳥」選拔計畫，在歷經4個月的國、內外民眾線上票選，「臺灣藍鵲」在110萬票中拿下過半的52萬票，奪得后冠，其次是獲得28萬票的「帝雉」，兩者成為最後的候選鳥種，近期將提案送交立法院進行最後選拔，選出代表臺灣的國鳥。

　　2007年6月，依據立法院第6屆第5會期第18次會議議事錄：立法院無黨團結聯盟黨團鑑於世界各國皆有其代表性之國鳥，並為突顯臺灣對生態保育之努力，而舉辦「國鳥選拔」活動。於近百萬投票人次中，「臺灣

藍鵲」獲得全民青睞以高票當選，「帝雉」則緊追在後，因此將此兩種鳥類正式提案為「臺灣國鳥」候選鳥，並由立法院所有委員來決選，選出最能代表臺灣形象之國鳥，期突顯出臺灣獨有的特色，與臺灣生態保育的驕傲，並藉此發展臺灣生態旅遊。目前，此案逕付二讀。

2007年7月，馬英九競選團隊選擇展翅的「臺灣藍鵲」作為其競選標誌，並喊出「臺灣向前行、臺灣一定贏」口號，以象徵臺灣國鳥帶領大家向前行，日後競選團隊將全省走透透，在各個競選場合及宣傳品上，將可看到這個臺灣藍鵲標誌。

2007年9月，在臺中縣大甲出現疑似紅嘴藍鵲與臺灣藍鵲的雜交案例，後經特有生物研究保育中心進行觀察與移除，並將兩隻成鳥與3隻雛鳥妥善安置於特有中心。之後依這3隻幼鳥的羽色乃發育為兩型之間，而證實兩種藍鵲確實會雜交。

2008年5月，特有生物研究保育中心雖於2006年大幅動員「移除」臺中縣武陵農場的紅嘴藍鵲，且也認為順利完成任務。孰料，武陵農場附近的居民和員工表示仍有發現漏網之紅嘴藍鵲於農場草坪附近活動。為避免族群擴散，應於近期再進行捕捉，但也有民眾認為此是武陵農場的特色之一，建議保留。臺中縣農業處則表示，是否再捕捉移除，將再開會討論。

2008年7月，行政院農業委員會林務局所公告的「修正保育類野生動物名錄」中，臺灣藍鵲由原先所列的第二級（珍貴稀有野生動物）保育類動物，修正為第三級（其他應予保育之野生動物）保育類動物。此表示目前臺灣藍鵲族群呈一穩定、和緩的狀態成長，臺灣藍鵲族群已脫離過去因獵捕風氣盛行，造成其數量稀少的危險狀態。

■參考資料

・中華鳥會線上鳥類資料庫，2001～2006。中華民國野鳥學會。

・王金源，2003。臺灣、鳥類及住民由來，歷史月刊187期，歷史智庫出版股份有限公司。

・王嘉雄、吳森雄、黃光瀛、楊秀英、蔡仲晃、蔡牧起、蕭慶亮，1991。臺灣野鳥圖鑑，亞舍圖書有限公司。

・毛嘉慶，2007-07-10。搶國鳥鋒頭，馬陣營選藍鵲為標誌，中時電子報。

・立法院第6屆第5會期第18次會議議事錄，2007-06-15。立法院。

・朱立群，2007-03-08。農委會下令，保護本土鳥，監管侵臺中國藍鵲，中國時報。

・行政院農業委員會特有生物研究保育中心，2007。外來種紅嘴藍鵲之移除DVD，行政院農業委員會林務局東勢林區管理處。

・行政院農業委員會野生動物保育諮詢委員會，2008。修正保育類野生動物名錄，行政院農業委員會。

・何華仁，1988。扇平山區鳥類相調查，臺灣野鳥第33～53頁，臺北市野鳥學會。

・吳尊賢，1998。臺灣藍鵲——藍色長尾陣，發現月刊26期，遠哲科學教育基金會。

・沙謙中，2001。臺灣藍鵲的故事，陽明山國家公園簡訊50期，內政部營建署陽明山國家公園管理處。

・沈揮勝、吳進昌，2007-05-15。生態浩「劫」，盛名之累，九隻臺灣藍鵲遭竊，中國時報。

・周鎮，1996。臺灣鳥圖鑑第三卷，臺灣省立鳳凰谷鳥園。

・林文宏，1997。臺灣鳥類發現史，玉山社。

・林相美，2006-05-16。臺灣藍鵲顧家第一名，自由時報。

・林群浩，2006-12-08。中國藍鵲入侵，危本土種，蘋果日報。

・姚正得，1993。翠翼朱喙，光彩照人——臺灣藍鵲，自然保育季刊2：47～48頁，行政院農委會特有生物研究保育中心。

・姚正得，2007。武陵地區外來鳥類紅嘴（中國）藍鵲之移除及圈養收容，行政院農業委員會特有生物研究保育中心。

・侯叔倫，2000-09-22。草嶺村外湖，藍鵲數銳減，聯合報。

・胡蓬生，2005-02-06。藍鵲斷腳，野外難立足，聯合報。

・袁孝維、王力平、丁宗蘇，2003。金門島栗喉蜂虎（Merops philipennus）繁殖生物學研究，國家公園學報13(2): 71～84，內政部營建署。

・徐景彥，2001。臺灣藍鵲的故事，內政部營建署陽明山國家公園管理處。

· 徐景彥，2002。藍鵲的家族親密互助，愛戀臺灣–探究臺灣特有種鳥類第64-65頁，中華民國野鳥學會。

· 徐景彥，2007。臺灣藍鵲繁殖生物學之研究，國立臺灣大學生態學與演化生物學研究所碩士論文。

· 徐景彥、劉小如，1998。陽明山地區臺灣藍鵲食物種類之觀察，中華飛羽第十一卷第一期第19～20頁，中華民國野鳥學會。

· 徐景彥、李培芬、劉小如，2005。臺灣藍鵲的合作生殖，「人文、社會、自然與藝術」跨領域整合系列研討會，系列三：中部地區自然與人文互動研討會，靜宜大學人文暨社會科學院。

· 徐景彥、劉小如、李培芬，2001。臺灣藍鵲幫手在親鳥繁殖時的餵食貢獻，動物行為暨生態研討會，臺北市立動物園主辦。

· 馮雙，2004。珍惜美麗的藍鵲，大自然八十四期第4～9頁，中華民國自然生態保育協會。

· 蔡惠光，2004-05-31。同類相殘，藍鵲啄食4幼鳥，蘋果日報。

· 劉小如，1986。臺灣藍鵲的取食及生殖習性初探，臺灣野鳥：28～33。臺北市野鳥學會。

· 劉小如、徐景彥，1998。陽明山國家公園內臺灣藍鵲合作生殖之研究，內政部營建署陽明山國家公園管理處。

· 劉克襄，2003。我們姓臺灣：臺灣特有種寫真，經典雜誌出版社。

· 劉彥廷，1998。梅峰地區冠羽畫眉合作生殖之研究，國立臺灣大學森林學研究所碩士論文。

· 顏重威，1994。哇！長尾陣，中華飛羽第七卷第三期，中華民國野鳥學會。

· Curry RL, 1988. Influence of kinship on helping behavior in Galápagos mockingbirds. Behavioral Ecology and Sociobiology 22:141-152.

· Emlen ST, Wrege PH. 1988. The role of kinship in helping decisions among White-fronted Bee-eaters. Behavioral Ecology and Sociobiology. 23:305-3 15.

· Komdeur J, 1996. Influence of helping and breeding experience of reproductive performance in the Seychelles warbler: a translocation experiment. Behavioral Ecology, 7, 326-333.

· Madge S, Burn H, 1994. Crows and Jays. Christopher Helm: A & C Black London.

· Severinghaus LL, 1986. Nest and Growth of Formosan Blue Magpies. Journ. Taiwan Museum. 39(1): 47-51.

· Severinghaus LL, 1987. Flocking and Cooperative Breeding of Formosan Blue Magpies. Bull. Inst. Zool., Academia Sinica 26(1): 27-37.

· Skutch AF, 1987. Helpers at bird nests: a worldwide survey of cooperative breeding and related behavior. Iowa City, IA: University of Iowa Press.

國家圖書館出版品預行編目資料

臺灣藍鵲／徐景彥著.--初版.--臺中市：晨星，
　2009. 01
　面；　公分. --（生態館；030）
　參考書目：面
　ISBN 978-986-177-244-8（平裝）

　1.雀形目　2.臺灣

388.894　　　　　　　　　　　　　97021541

生態館 030

臺灣藍鵲

作者	徐景彥
主編	徐惠雅
特約編輯	許裕苗
校對	徐景彥、許裕苗
美術編輯	李敏慧
總策劃	民享環境生態調查有限公司

發行人	陳銘民
發行所	晨星出版有限公司
	台中市407工業區30路1號
	TEL：04-23595820　FAX：04-23597123
	E-mail：morning@morningstar.com.tw
	http：//www.morningstar.com.tw
	行政院新聞局局版台業字第2500號
法律顧問	甘龍強律師
承製	知己圖書股份有限公司　TEL：04-23581803
初版	西元2008年1月10日

總經銷	知己圖書股份有限公司
	郵政劃撥：15060393
	〈台北公司〉台北市106羅斯福路二段95號4F之3
	TEL：02-23672044　FAX：02-23635741
	〈台中公司〉台中市407工業區30路1號
	TEL：04-23595819　FAX：04-23597123

定價 299 元

ISBN　978-986-177-244-8
Published by Morning Star Publishing Inc.
Printed in Taiwan

◆ 讀者回函卡 ◆

以下資料或許太過繁瑣，但卻是我們瞭解您的唯一途徑
誠摯期待能與您在下一本書中相逢，讓我們一起從閱讀中尋找樂趣吧！

姓名：_____　　　性別：□ 男　□ 女　　生日： ／　　　／

教育程度：_____

職業：□ 學生　　　　□ 教師　　　　□ 內勤職員　　　□ 家庭主婦

　　　□ SOHO族　　□ 企業主管　　□ 服務業　　　　□ 製造業

　　　□ 醫藥護理　　□ 軍警　　　　□ 資訊業　　　　□ 銷售業務

　　　□ 其他_____

E-mail：_____　　　聯絡電話：_____

聯絡地址：□□□_____

購買書名：_____

・本書中最吸引您的是哪一篇文章或哪一段話呢？_____

・誘使您購買此書的原因？

□ 於_____書店尋找新知時　□ 看_____報時瞄到　□ 受海報或文案吸引

□ 翻閱_____雜誌時　□ 親朋好友拍胸脯保證　□ _____電台DJ熱情推薦

□ 其他編輯萬萬想不到的過程：_____

・對於本書的評分？（請填代號：1.很滿意　2.OK啦　3.尚可　4.需改進）

封面設計_____　版面編排_____　內容_____　文／譯筆_____

・美好的事物、聲音或影像都很吸引人，但究竟是怎樣的書最能吸引您呢？

□ 價格殺紅眼的書　□ 內容符合需求　□ 贈品大碗又滿意　□ 我誓死效忠此作者

□ 晨星出版，必屬佳作！□ 千里相逢，即是有緣　□ 其他原因，請務必告訴我們！

_____

・您與眾不同的閱讀品味，也請務必與我們分享：

□ 哲學　　　□ 心理學　　□ 宗教　　□ 自然生態　　□ 流行趨勢　　□ 醫療保健

□ 財經企管　□ 史地　　　□ 傳記　　□ 文學　　　　□ 散文　　　　□ 原住民

□ 小說　　　□ 親子叢書　□ 休閒旅遊　□ 其他

以上問題想必耗去您不少心力，為免這份心血白費

請務必將此回函郵寄回本社，或傳真至（04）2359-7123，感謝！

若行有餘力，也請不吝賜教，好讓我們可以出版更多更好的書！

・其他意見：

晨星出版有限公司 編輯群，感謝您！

廣告回函
台灣中區郵政管理局
登記證第267號
免貼郵票

407
台中市工業區30路1號

晨星出版有限公司

更方便的購書方式：

(1) 網站：http://www.morningstar.com.tw
(2) 郵政劃撥　帳號：15060393
　　　　　戶名：知己圖書股份有限公司
　　請於通信欄中註明欲購買之書名及數量
(3) 電話訂購：如為大量團購可直接撥客服專線洽詢

◎ 如需詳細書目可上網查詢或來電索取。
◎ 客服專線：04-23595819#230　傳真：04-23597123
◎ 客戶信箱：service@morningstar.com.tw